Michael Heim / Werner Nosko

DIE ÖTZTAL-FÄLSCHUNG

Anatomie einer archäologischen Groteske

Rowohlt

1. Auflage April 1993

Umschlaggestaltung Barbara Hanke
Satz Times (Linotronic 500)
Gesamtherstellung Clausen & Bosse, Leck
Printed in Germany
ISBN 3 498 02918 5

Inhalt

Vorwort **7**

Fundgeschichte
Die Kleine Zufallskette des Helmut Simon **11**

Die Große Zufallskette des Reinhold Messner **19**

Schwarzer Montag, Schwarzer Dienstag
oder Wie eine Sternstunde über eine Universität
hereinbricht **41**

Rechtslage
Grenzstein B 35 – der springende Punkt **61**

Glaziologie
Das Haar stellt alles auf den Kopf
oder Der schizophrene Gletscher **67**

Meteorologie/Mumifizierung
Der Wind, der Wind – das Nonsens-Kind **83**

«Gletschermann»-Vermarktung
Die Schere, die aus den Bergen kam:
Censura tirolensis **93**

«Gletschermann»-Verwirrung
Kronzeugin «Stubsi»
oder Die Sache mit der Gletscherkatze **107**

Die stummen Stimmen aus dem Permafrost **119**

Molekular-Archäologie
Die Prozession der Forschungssünden
oder Auf der Wendeltreppe der Vergangenheit **129**

Metallo-Archäologie
Die Axt, die glänzt **141**

Altersbestimmung
Wem die C-14-Stunde schlägt **145**

Mythologie
Die Kastration – Stolpern über ein Nichts? **153**

Blaue Signale – wirklich aus dem Nirgendwo? **163**

Der Zug der Mumien **171**

Begegnungen
Eine kalifornische Sekte ist auch dabei **185**

Ein Nachwort **197**

Literatur **201**

Bildquellenverzeichnis **205**

Vorwort

Dieses Buch erzählt eine der ungewöhnlichsten Geschichten der Archäologie. Ein Gletscher, der bei genauerem Hinsehen gar nicht existiert, soll im Jahre 1991 einen uralten Gletschertoten freigegeben haben – die derzeit berühmteste Mumie der Welt, den Mann aus dem Eis in den Ötztaler Alpen. Die Suche nach seiner Herkunft führt durch Zeiten, durch Sagen, Wissenschaften und Räume, vom Neolithikum bis zur hochmodernen Meßmethode mittels Neutronenbeschleunigung, von den «Wilden Fräulein», die der Überlieferung nach mit einem verschollenen Jäger in einem Kristallpalast unter dem Eis der Ötztaler Alpen leben, bis zur amerikanischen Sekte Paramahansa Yogananda, deren Hauptquartier bei Los Angeles liegt.

Auf der Suche nach der Wahrheit über Entdeckung, Bergung und tatsächliche Bedeutung der Mumie betreten wir alle möglichen Gebiete, von der Gletscherkunde bis zur Metallo-Archäologie. Dies ist das erste

Buch, das angesichts der zahlreichen Ungereimtheiten von einer Fälschung namens «Ötzi» spricht. Doch sie betrifft nicht den Toten. Man kann einen Toten nicht fälschen. Wenn in Oxford und Zürich Carbon-14-Messungen von Gewebeproben ein Alter von 5300 Jahren ergeben, dann ist der Tote wirklich 5300 Jahre alt. Doch die Umstände eines Fundes lassen sich fälschen. 5300 Jahre alte Mumien gibt es auch anderswo.

Wir untermauern folgende Thesen: *Erstens:* Der Fund am Hauslabjoch in den Ötztaler Alpen wurde arrangiert. Die möglichen Motive des Arrangements reichen von fehlgeleitetem Forscher-Ehrgeiz bis zum Studenten- oder Alpinistenulk. Es gibt rings um die Mumie des «Ötzi» eine Fülle von verblüffenden Zufällen. *Zweitens:* Eine schnell aufblühende Forschungsindustrie um den Toten ist nicht mehr daran interessiert, die eigenen Grundlagen – nämlich die Authentizität des Fundes – in Frage zu stellen. Im Gegenteil.

Das Buch geht zahlreichen Ungereimtheiten in der Fundgeschichte und in den boomenden Wissenschaften rund um den «Ötzi» nach. Niemand weiß beispielsweise, wie alt die kupferne Axt ist, die man bei dem Steinzeitmenschen fand. Niemand weiß bis heute, ob der Mann sie mit sich führte oder ob sie ihm posthum beigegeben wurde. Und woher stammen der Bogen, die Pfeile, der Köcher, die neben der Mumie lagen? Es wurde nicht einmal danach gefragt – denn die Antworten könnten ein flink erbautes Forschungsgerüst wieder ins Wanken, wenn nicht zum Einsturz bringen.

Die «Ötzi»-Forschung, ein europaweiter Verbund von Archäologen und anderen Gelehrten mit Millionen-Etats, nimmt bislang entscheidende – und keineswegs umstrittene – Methoden, die die Herkunft des Toten und der Fundgegenstände präzise bestimmen könnten, nicht wahr. Sie ignoriert bis heute die Möglichkeiten, einen «biochemischen Fingerabdruck» des Toten und einen «geochemischen Fingerabdruck» der Axt, des wichtigsten Fundstücks neben der Mumie, zu nehmen. Für derlei Forscherabstinenz gibt es womöglich allzu gute, genauer: durchkalkulierte Gründe. Unser Buch soll sie aufdecken. Es ist eine dreifache Skandalchronik: Es gibt einen Wissenschaftsskandal – einen stattlichen Katalog von methologischen Unterlassungssünden. Es gibt einen Informationsskandal – den fast erfolgreichen Versuch, wissenschaftlich relevante Daten zu unterdrücken. Mit diesem eng verknüpft, gibt es einen Vermarktungsskandal – den mittlerweile gescheiterten Versuch einer Universität, über Anwälte und eine besondere PR-Agentur mittels eines Nachrichtenmonopols aus einem Toten Kapital zu schlagen.

Wir legen Wert darauf, daß Feststellungen nicht mit Unterstellungen verwechselt werden. Eine ausdrücklich abgelehnte Unterstellung ist die Behauptung, der berühmteste Alpinist der Welt, Reinhold Messner, habe die mittlerweile berühmteste Mumie der Welt in den Ötztaler Alpen deponiert.

Eine Feststellung ist der Satz: Reinhold Messner war nach monatelanger Planung kurz vor der Bergung des Toten zufällig am Fundort. In einem meteorologischen Gnadenerweis haben die Berge nach 5300 Jahren pünktlich zum Auftritt des Kletterers am Hauslabjoch den neolithischen Toten freigegeben: Keine Woche eher, keine Woche später. Eine archäologische Premiere für Messner, den Yeti-Forscher und Mount-Everest-Besteiger.

Für die Autoren Michael Heim und Werner Nosko – mit Recherchenhilfe und unter den prüfenden Blicken des Publizisten Dieter Schenk, eines ehemaligen Kriminaldirektors des Bundeskriminalamtes in Wiesbaden – war es zunächst eine professionelle Herausforderung, durch eigene Nachforschungen, durch Bildvergleiche und logische Kritik diese archäologische Groteske aufzuheben. Zugleich bedrängten uns immer stärker die Gedanken an dieses armselige, nackte, begaffte, vermarktete und vermessene, verspottete und auf T-Shirts zur Schau getragene Menschenbündel namens «Ötzi» in der Kühlkammer der Innsbrukker Anatomie – ein Wesen, mit dem ein makabres Spiel getrieben wird, das unser Buch beenden möchte – auch aus Respekt vor einem Toten, der endlich seinen Frieden finden möge.

München und Innsbruck, Januar 1993

Die Kleine Zufallskette des Helmut Simon

Der Wind hätte drehen und Schneeschauerwolken über die Finailspitze treiben können, und alles wäre anders gewesen – da oben am Hauslabjoch (von den Tirolern auch Tisenjoch genannt, italienisch Passo di Tisa). Am Dienstag, dem 10. September 1991, beginnt Reinhold Messner in der Nähe von Salurn, an der Sprachgrenze zwischen den deutschsprachigen Südtirolern und Italienern, eine zehntägige meditative Gipfeltour «Rund um Südtirol», deren Ereignisse im Herbst 1992 in einem Buch dokumentiert werden sollen. Messner, der als erster den Mount Everest ohne Sauerstoffflaschen erstiegen hat (und auf die Suche nach dem legendären Schneemenschen Yeti ging), spürt diesmal den Spuren einer deutsch-italienisch-ladinischen Identität Südtirols nach. Er schreitet sein Land ab – auf seine Weise: als Alpinist. Der Tote vom Hauslabjoch wird dabei eine kuriose Rolle spielen.

Am Montag, dem 16. September 1991, trifft das Nürnberger Ehepaar Helmut und Erika Simon im

Schnalstal, Autonome Provinz Südtirol, ein und logiert im Bauernhof der Familie Sander. Das Ehepaar plant einen einwöchigen Urlaub mit Bergtouren und besteigt am Mittwoch, dem 18. September 1991, den Similaun, jenseits des Schnalstales auf österreichischem Gebiet. Damit beginnt die Kleine Zufallskette des Ehepaares Simon, die – obwohl nur aus drei Gliedern bestehend – zur Großen Zufallskette des Reinhold Messner führt und den Freizeitalpinisten Helmut Simon in der Rückschau immer noch staunen läßt.

Helmut Simon, Hausmeister in der Nürnberger Stadtbibliothek und in der Naturhistorischen Gesellschaft Nürnberg, begegnete auf dem Weg zum Similaungipfel mit seiner Frau einem österreichischen Ehepaar. Dessen Name ist ihnen entfallen. Sie erfuhren, daß die Österreicher in der Similaunhütte nächtigen wollten. Die Simons wollten eigentlich zu ihrem Auto im Schnalstal absteigen, waren zunächst bis zur Similaunhütte gegangen und hatten sich dort – es waren zu ihrer Überraschung noch Quartiere frei – entschieden, wegen bereits eintretender Dunkelheit und unklarer Wetterverhältnisse ebenfalls in der Hütte zu übernachten.

Am Donnerstag, dem 19. September 1991, klarte es überraschend auf, so daß man sich zu einer gemeinsamen Tour mit dem österreichischen Ehepaar auf die Finailspitze entschloß. Die Österreicher wollten nach der Gipfelrast über die Martin-Busch-Hütte nach Vent im Ötztal absteigen, das Ehepaar Simon wollte zurück zur Similaunhütte und von dort in das Schnalstal. Beide Ehepaare hatten sich beim Abstieg, in Gespräche vertieft, so spät getrennt, daß die Simons Geröllhalden und Schneefelder queren mußten, um wieder auf den gekennzeichneten Weg zur Similaunhütte zu stoßen.

Er habe, sagt Helmut Simon heute, einen entfernt liegenden Punkt anvisiert, von dem er wußte, daß an ihm die Similaunhütten-Route vorbeiführt. Auf dem Weg zu dieser Route hätten er und seine Frau eine Stelle «mit Gletscherwasser» umrunden müssen. «Dort entdeckten wir den Toten.» Sie hätten den Leichnam so angetroffen, wie ihn sein Foto – er hatte nur noch ein unbelichtetes Bild in der Kamera – zeige: in Bauchlage mit freigelegtem Kopf und freigelegten Schultern. Der Anblick des Toten hatte die Simons zunächst an eine Puppe ohne Arme denken lassen. Als ihnen klargeworden sei, daß sie vor einem toten Menschen standen, seien sie «so erschrocken und erregt» gewesen, daß sie weder die Axt noch den Bogen und auch nicht das hölzerne Tragegestell (eine sogenannte «Kraxe») am Felsen bemerkt hätten, die von dem österreichischen Gendarmeriebeamten Koler am Nachmittag des nächsten Tages, also am 20. September, fotografiert wurden. Ihnen seien nur zwei Gegenstände in der Umgebung des Toten aufgefallen, nämlich ein blauer Gummi-Skiclip (zum Zusammenhalten von Skiern) und irgend etwas aus Birkenrinde, das sie sich nicht erklären konnten. Erika Simon sagte dazu: «Man muß sich wundern, was die Vögel alles hier hochschleppen.»

Er könne nicht sagen, bekennt Simon ein Jahr später im Gespräch, wie tief Schnee und Eis um den Körper herum aufgetaut waren. Sehr tief kann es nicht gewesen sein; denn unmittelbar neben dem Körper habe er mit den Füßen fest auftreten können: «Auf keinen Fall konnte ich irgend etwas von einer Beinbekleidung oder von den Füßen des Toten sehen.» Das alles habe tief im Eis gesteckt. Er habe sich auch gewundert, später in der Zeitung von Schuhen des «Ötzi» zu lesen.

Kaum hatte sich das Ehepaar von dem Schock des Anblicks erholt, lief Helmut Simon in Richtung des Weges, den die beiden Österreicher bei ihrem Abstieg zur Martin-Busch-Hütte genommen hatten. Sein Rufen konnte sie aber nicht mehr erreichen. Der Nürnberger hielt den Toten für einen verunglückten Skifahrer oder Bergsteiger, der dort seit Jahren gelegen habe: «Ich habe auch noch nie eine Gletscherleiche gesehen.» Eine mögliche historische Bedeutung des Fundes war ihm in keiner Weise bewußt. Wäre das der Fall gewesen, so Simon, hätte er sich von der Fundstelle nicht entfernt, sondern seine Frau zur Similaunhütte geschickt, um Hilfe anzufordern. So aber hätten sie beide den grausigen Fund dem Hüttenwirt Markus Pirpamer gemeldet und kurz darauf ihren Abstieg zum Auto im Schnalstal fortgesetzt. Und nun nahmen die Ereignisse ihren Lauf, ohne daß sich jemand um das Ehepaar Simon kritisch kümmerte.

Im November 1992 versichert Helmut Simon, den

Alpinisten Messner nicht persönlich zu kennen und mit ihm noch nie gesprochen oder telefoniert zu haben. Er habe allerdings den weltberühmten Extremkletterer vor Jahren einmal bei einem Vortrag in Nürnberg gehört, also lange vor dem Fund des Toten. Im Raum Nürnberg/Erlangen lebte und lehrte jahrelang der Archäologe Professor Dr. Konrad Spindler, ehe er an die Universität Innsbruck berufen wurde – wo er heute der Leiter jener hochkarätigen Forschergruppe ist, die sich fortan mit «Ötzi» beschäftigt. Er habe, sagt Helmut Simon, auch Professor Dr. Konrad Spindler nicht während seiner Tätigkeit an der Erlanger Universität gekannt, Kontakte mit dem Archäologen seien erst nach dem Fund entstanden.

Helmut Simon sieht in seinem Fund des zur «ältesten Mumie der Welt» deklarierten Toten vom Hauslabjoch das Ergebnis mehrerer Zufälle: *Erstens* übernachteten er und seine Frau in der Similaunhütte, entgegen ihrer ursprünglichen Planung. *Zweitens* bestiegen sie mit dem (unbekannten) österreichischen Ehepaar die Finailspitze – und kamen auf diesem Umweg beim Abstieg an der Fundstelle vorbei. Im Wetterumschwung – Voraussetzung für die Besteigung der Finailspitze – sieht Simon den *dritten* Zufall: Der Donnerstag war ein strahlender Sonnentag, wenige Tage später wäre «Ötzi» wieder zugeschneit gewesen.

Doch der Außenstehende ist versucht, an einen *vierten* Zufall zu denken: Daß Helmut und Erika Simon zwar den Skiclip und die Birkenrinde sahen, nicht aber sahen sie die nahe bei dem Toten – Distanz drei bis vier Meter – an den Felsen gelehnten Artefakte Bogen, Axt und Tragegestell über dem Kopf der Mumie: Was der Gendarm Anton Koler am folgenden Tag bei gleichem Licht zur gleichen Stunde fotografiert hat, wäre demnach tags zuvor unsichtbar gewesen.

Wenn Helmut und Erika Simon ihre erstaunten Augen nur etwas gehoben hätten, hätten sie die Fundgegenstände, etwas rechts versetzt über dem Kopf der Mumie, sehen *müssen*. Sie sahen sie nicht – und dies macht das Rätsel «Eismann-Artefakte vom Hauslabjoch» noch um einiges mysteriöser. Dieses Rätsel betrifft das Ehepaar Simon aber nur mittelbar. Daß sie die Gegenstände am Felsen nicht erblickten, mindert nämlich ihren Finderlohn. Als Fundmasse bleiben nur der Tote, die Birkenrinde und ein Skiclip – von jener Art, die vor zwanzig oder dreißig Jahren üblich war, um Skipaare zusammenzuhalten. Nicht auszuschließen also, daß die Fundstücke *nach* der Entdeckung von Unbekannt so malerisch plaziert wurden, wie sie dann auch fotografiert wurden.

Der Innsbrucker Rechtsanwalt Eppacher erklärte sich bereit, für das Nürnberger Ehepaar Simon den Finderlohn einzutreiben. Eigentümer des Fundes ist, wie die nach dem Fund vorgenommenen Vermessungen ergeben, die Autonome Provinz Südtirol. Der Tote und seine Axt sowie die anderen Geräte unterliegen somit italienischem Recht, das «gefundene oder entdeckte Sachen von archäologischem Interesse zu unverfügbarem oder verfügbarem Eigentum» des Staates deklariert. Universitätsprofessor Dr. Bernhard Eccher vom Institut für Zivilrecht/Gemeinsame Einrichtung für italienisches Recht, Innsbruck, hat auf dem Universitäts-Symposium «Der Mann im Eis» der Universität im Sommer 1992 die beschwerlichen Pfade aufgezeigt, die Eppacher da zurücklegen muß, denn schon die begriffliche Differenzierung ist schwierig: «Auffindungen» setzen eine Willensbildung und eine Organisation voraus, «Entdeckungen» einen Zufall. War das Ehepaar Simon zum Zweck der Finailspitze-Besteigung eine Organisation? Ferner gilt es, in privatrechtlicher Hinsicht zu entscheiden, ob der «Mann aus dem Eis als Sache und nicht als Person mit eigener Rechtsfähigkeit» anzusehen ist. Referent Eccher neigt zu ersterem: «Mit dem Zeitablauf und der dadurch immer stärker werdenden Anonymität verliert der Persönlichkeitsschutz über den Leichnam an Bedeutung, umgekehrt verstärkt sich der Sachcharakter, und die Vergänglichkeit des menschlichen Körpers muß schließlich auch juristisch gesehen zum gänzlichen Übergang in die Materie führen.»

Rechtsanwalt Eppacher forderte also – wir führen dieses makabre Beispiel an, weil es zu den Konsequenzen einer Vermarktung des Toten gehört, die wenige Stunden nach seiner Entdeckung anhebt – in Bozen die «Ötzi»-Materie (Grammpreis unbekannt) samt Axt, Skiclip und anderen Artefakten ein – und die Südtiroler Landesregierung war bereit zu zahlen, um «die Sache aus der Welt zu schaffen», wie in Bozen verlautete. Sie bot zu Jahresbeginn 1993 zehn Millionen Lire (etwa elftausend DM). Aber Helmut Simon zögerte noch, das Angebot anzunehmen. Wartete er auf einen fünften Zufall?

Die Große Zufallskette des Reinhold Messner

Die Menschen im Ötztal haben von alters her ihr Leben einer feindlichen Natur abgetrotzt, gegen Steinschlag und Muren, gegen Lawinen und die Einsamkeit, die eine früh absteigende Sonne im Herbst und im Winter an den schnell verschatteten Hängen hinterläßt. Das Leben kroch einfach bergan, aus dem grünen Tal des Inn in die steinerne Schneewelt, durch Seitentäler, über Steilhänge und durch Felsschründe. Ein Gehöft nahe der Baumgrenze, ein winziger Wiesenfleck auf einer Felsenkuppel zum flüchtigen Mähen, die Schafe und Ziegen, die bis zur Gletscherzunge hinaufgetrieben wurden, das Wild, der Wald, der zu Dachbalken geschlagen, zu Schindeln gespalten wurde oder im Kachelofen zerkrachte, ein Sack Kartoffeln, aus dem Steilanger hinter dem Haus geborgen, ein Hühnerei, Gott segnete eine Kuh und ließ sie trächtig werden – dies alles markierte, ehe der Tourismus das Ötztal «rettete», die Grenzen der Zivilisation unterhalb des ewigen Eises.

Aber die Armut ließ die Gedanken fliegen, gletscherwärts. Da oben graben der Sage nach die «Venediger Mandln», die Zwerge, nach Edelsteinen; da oben, sagt die Überlieferung, liegt der Kristallpalast mit den «Drei Saligen Fräulein und dem Mann, der im Eis verscholl» – ein Urvater Südtirols, ein Stifter jener tirolischen Identität in grauer Vorzeit vielleicht, ein Mann, dessen Wiederkehr, alten mythischen Erzählmustern folgend, nationale Erlösung signalisieren könnte. –

Auf einem Bauernhof im oberen Ötztal, nahe Vent im österreichischen Bundesland Tirol, lebt der Volkskundler Hans Haid, Sagensammler und Verfasser der Bücher «Mythos und Kult in den Alpen» und «Aufbruch in die Einsamkeit – 5000 Jahre Überleben in den Alpen». Haid entdeckte 1989 unweit des Hauslabjochs, wo zwei Jahre später der «Gletschermann» gefunden wurde, auf der Kaser, ein prähistorisches Heiligtum: einen pyramiden- oder phallusartigen Menhir, der noch Widderhörner erkennen läßt, umgeben von Steinkreisen. Eine magische Stätte, die nach Haids Beobachtungen die Bergschafe anzieht. Er spricht von einem der bemerkenswertesten Kultplätze der Alpen, von einem «hochalpinen Stonehenge» – und handelt sich dafür den Spott anderer Heimatforscher ein.

Im österreichischen Ötztal führt am Heiligtum auf der Kaser vorbei ein Weg über das Niederjoch (3019 Meter) zwischen Finailspitze und Similaun in das Schnalstal in der italienischen Autonomen Provinz Südtirol. Wer dieses Joch passiert, auf dem «Sentiere delle pecore» (Pfad der Lämmer), läuft an der Fundstelle des «Mannes im Eis» vorbei. Der Tote lag an der Wasserscheide, die den einen Regentropfen in das Nordtiroler Inntal und den anderen in das Südtiroler Etschtal hinabfließen läßt, er lag an der Demarkationslinie eines geteilten Tirol – aber nicht ganz, wie sich noch zeigen wird. Dieser Umstand sollte der «archäologischen Sternstunde» noch völkerrechtliche Dimensionen verleihen.

Am südlichen Eingang des Schnalstales, also auf italienischem Staatsgebiet, lebt der Extrembergsteiger und Autor Reinhold Messner als Schloßherr auf Burg Juval, auf steinzeitlichem Siedlungsboden. Der Südtiroler Messner hat eine politische Vision: Er will dem 1919 von Österreich an Italien abgetretenen Südtirol zu einer eigenen Identität verhelfen. Die Südtiroler sollen sich nicht länger als die trauernden, von Nordtirol abgetrennten Nachbarn diesseits des Brenners sehen, sondern sollen eins sein mit den Italienern in der Provinz und mit den Ladinern.

Messner plant 1991 nach seiner Antarktisdurchquerung einen «Grenzgang anderer Art» für ein Buch. Er wird mit seinem langjährigen Seilgefährten und Südtiroler Landsmann Hans Kammerlander in einer Gewalttour ohne Rasttag, aber mit viel PR-Vorbereitung, über dreihundert Gipfel hinweg Südtirol umrunden. Er schreitet die Grenzen seiner Heimat ab. In seinem 1992 erschienenen Buch «Rund um Südtirol» merkt der Verlag zu dieser Tour an, sie sollte die Südtiroler «dazu anregen, über Vergangenheit, Gegenwart und Zukunft ihres Landes nachzudenken». Denn in diesem alten, dreisprachigen Kulturraum in einer der umstrittensten Regionen der Alpen zwischen dem Norden und dem Süden könne jenes neue Selbstverständnis entstehen, das ganz Europa in Zukunft brauchen werde.

Es geht Messner also vor allem um das «Selbstverständnis der Südtiroler gegenüber Nordtirol und der Welt. Vor siebzig Jahren kam Südtirol zu Italien. Inzwischen sind wir anders geworden. Wir haben neue Fähigkeiten entwickelt, einen weiteren Horizont, mehr Verständnis für südländische Lebenshaltung... Unser Rundgang ist kein Propagandamarsch für Südtirol. Wir wollen auch keine Landesgrenzen aufheben, niedertrampeln, festschreiben. Wir wollen Grenzen – sichtbare und unsichtbare – bewußtmachen, um sie überwinden zu helfen. War dieses Land an der Grenze zum Trentino, zur Lombardei, zur Schweiz, zu Österreich, Belluno nicht einmal offener als heute?» Der Tote vom Hauslabjoch, von dieser geographisch-kulturellen Wasserscheide, hatte nach Messners Einschätzung sein Winterquartier möglicherweise unterhalb des Burgfelsens von Juval und wäre somit sein Nachbar, Südtiroler und, posthum, überdies noch italienischer Staatsbürger gewesen. Jedenfalls erklärt Messner nach dem Fund gegenüber der Presse: «Uomo del Similáun – L'ho visto sul suolo italiano» (Der Mann vom Similaun, ich habe ihn auf italienischer Erde gesehen). Messner ist von der Vorstellung, daß der «Gletschermann» vom Hauslabjoch unterhalb seines Burgfelsens von Juval gesiedelt hatte, so angetan, daß er auch Kollegen davon überzeugt. Die BBC rückt in einer großen Filmproduktion über den «Iceman» Messners beeindruckende Burg zweimal ins Bild. Eine Mumie wird derweil zum Aufbau einer multikulturellen Identität von deutschsprachigen Südtirolern, Italienern und Ladinern in der Autonomen Provinz Südtirol bemüht. Der Tote habe Messner und Kammerlander den «Blick in die lange Geschichte des Landes» erlaubt, heißt es im Klappentext des Buches. Doch zu diesem Zweck mußte «Ötzi» ja erst einmal gefunden werden...

Der Südtiroler Reinhold Messner aus dem Schnalstal und der Nordtiroler Hans Haid aus dem Ötztal verabreden, Monate vor Messners Gipfel-Rundtour, eine Begegnung auf halbem Weg: Treffpunkt Similaunhütte, Samstag nachmittag, 21. September 1991. Sie wollten über das Ötztal als kulturelle Brücke zwischen Nord- und Südtirol sprechen, was für Haid die Gefahr eines kleinen Landesverrates gegenüber Innsbruck heraufbeschwor. Denn der Volkskundler aus Vent ist der Meinung, daß das obere Ötztal – damit auch das Fundgebiet – durch Besiedelung von Süden her und auf Grund der jahrhundertealten Weiderechte der Schnalstaler Bauern, die ihre Herden über das Joch treiben, uralter Südtiroler Boden sei. Wenn sich Haid und Messner – und jetzt wird schon wieder ein Zufall bemüht – nach einer vor Monaten getroffenen Absprache an diesem Samstag am Wirtstisch in der Similaunhütte niederlassen, werden zwischen der Entdekkung des «Ötzi» durch das Nürnberger Ehepaar Simon und ihrer eigenen Begegnung mit dem Toten vom Hauslabjoch ganze 48 Stunden liegen. Ein Lidschlag in der Geschichte einer 5300 Jahre alten Mumie, aber es kommt in der Rekonstruktion dieser Fundgeschichte auf jede Stunde an, vor allem am Samstagnachmittag und am Samstagabend, und auf jeden Umstand. Denn es geht auch um die Titelgeschichte in der Sonntagsausgabe der Bozener Zeitung «Alto Adige» vom Sonntag, 22. September: «Sensazionale Ritrovamento in alta Val Senales... Sensationelle Entdeckung im hochgelegenen Schnalstal, EIN ALTERTÜMLICHER KRIEGER AUF MESSNERS PFADEN», samt Skizze vom Toten am Fundort.

Wie kommt eine Redaktion blitzschnell zu einem nicht vorhersehbaren Messner-Aufmacher, ohne Absprache, ohne vorauseilenden Journalismus, ohne eine Brieftaube, die in der Nacht zum Sonntag von der Similaunhütte hätte abheben können, um eine Zeichnung nach Bozen zu tragen?

«Alto Adige» ist das Sprachrohr der italienischsprachigen Minderheit in Südtirol, die Zeitung sympathisiert mit Messners Vision einer eigenen Südtiroler Identität, während die deutschsprachige, eher nach Nordtirol ausgerichtete Tageszeitung «Dolomiten» nach den Presseverlautbarungen Messners über die Mumie vom Hauslabjoch nur noch aufstöhnen kann: Jetzt hat er schon wieder einen Yeti gesehen...

Die Ereignisse rings um den Fund entwickeln sich bis zur Nacht auf Sonntag – Redaktionsschluß des

«Alto Adige» für die Sonntagsausgabe ist Samstag, 21 Uhr – auf eine geradezu dramatisch-verblüffende Weise. Hier die Chronik dieser archäologischen Sensation:

Donnerstag, 19. September 1991: Das Ehepaar Simon hatte Similaunhüttenwirt Markus Pirpamer gegen 14.30 Uhr von dem Fund verständigt. Pirpamer informierte über Funktelefon umgehend den Gendarmerie-Posten Sölden im Ötztal und die Carabinieri im Schnalstal. Dann steigt er mit seinem jugoslawischen Küchengehilfen zum Hauslabjoch auf und sieht an der vom Ehepaar Simon beschriebenen Stelle den Toten. Pirpamer sieht allerdings auch die prächtigen Fundgegenstände – Bogen, Axt und Tragegestell (Kraxe) –, die die Simons nicht gesehen hatten. Er findet außerdem ein behälterähnliches Gebilde aus Birkenrinde, das er mit zur Hütte nimmt.

Alles andere läßt er unberührt. Markus Pirpamer betonte gegenüber den Autoren dieses Buches – und das ist für das folgende Kapitel «Das Haar stellt alles auf den Kopf» sehr wichtig –: Die Fundgegenstände hätten sich in der gleichen Position befunden, in der sie am folgenden Tag von dem Polizeibeamten Anton Koler fotografiert wurden: also der schräg zum Felsen geneigte Bogen, mit dem unteren Teil etwa vierzig Zentimeter tief im Eis eingefroren, darüber die dekorativ an den Felsen gelehnte Axt, darüber die an den Felsen gelehnte Kraxe. (Daß die Simons dieses auffällige Arsenal einfach nicht gesehen haben, bleibt unbegreiflich.)

Freitag, 20. September 1991: Messner und Kammerlander hatten auf ihrer Rundtour unter anderem einen Berg mit dem sinnigen Namen «Zufallsspitze» (3764 Meter in der Ortlergruppe) passiert, das Stilfser Joch, Müstair, das Dreiländereck am Reschen und nähern sich, der Nordgrenze Südtirols nun nach Osten folgend, ihrem zwölften Etappenziel, der Similaunhütte.

An diesem Freitag verständigen sich die österreichischen und italienischen Behörden auf der Grundlage von Alpenvereinskarten darauf, daß der Tote jenseits der Wasserscheide, die nach dem Friedensvertrag von Saint-Germain-en-Laye zwischen der Republik Österreich und den alliierten und assoziierten Mächten vom 10. September 1919 den Grenzverlauf bestimmt, auf österreichischem Territorium liegt. Die Vermutung, daß es sich um den seit Jahrzehnten vermißten Musikprofessor Capsoni handeln könnte, weisen die Schnalstaler Carabinieri zurück. Capsoni sei bereits 1952 gefunden und beerdigt worden. Zu ihrem späteren Bedauern überlassen die Carabinieri den Toten ihren österreichischen Kollegen. «Ötzi» wird also Österreicher, aber nur befristet.

Der Bergführer und Leiter der alpinen Gendarmerie-Einsatzstelle Imst/Nordtirol, Anton Koler, fliegt am Freitag nach dem italienischen Verzicht mit einem Hubschrauber zur Fundstelle, um festzustellen, ob bei dem Toten am Berg Fremdverschulden vorliegt. Koler schließt dies beim Anblick des Leichnams aus; er nimmt an, daß es sich um einen Bergsteiger aus dem vergangenen Jahrhundert handelt. Zusammen mit

Hüttenwirt Markus Pirpamer versucht der Beamte, den Toten mit einem Schrämmhammer, einem preßluftbetriebenen Gerät für Einsätze bei Unfällen in Gletscherspalten, aus dem Eis herauszuschlagen. Der Bergungsversuch muß abgebrochen werden, weil alsbald der Preßluftvorrat erschöpft ist. Außerdem verschlechtert sich das Wetter. Bei diesem ersten Bergungsversuch wird die linke Hüfte des Toten beschädigt.

Koler sagt später dazu: «Man hat durch das Eis nicht hindurchschauen können» – wieder eine für die folgenden Geschehnisse wichtige Aussage: Das Ehepaar Simon konnte am Donnerstag die Füße nicht sehen, der Polizeibeamte konnte die Füße am Freitag nicht sehen: «Die feste Eisdecke ist es schließlich gewesen, die es so schwierig machte, den Körper *nicht* zu beschädigen», sagte uns Koler. Daß der Leichnam beschädigt wurde, habe man dem Polizisten später zum Vorwurf gemacht. Zu Unrecht – schließlich sei er kein Archäologe, und die Bedeutung des Fundes hätte er am Freitag nicht einschätzen können. Immerhin habe er aber den Ernst der Lage erkannt, als es an Ort und Stelle zu einem kleinen Disput um die Axt kam, die von Augenzeugen aus der Similaunhütte lieber in einer eigenen «Bergsteiger-Ecke» oder im Heimatmuseum gesehen worden wäre. «Nix da», habe er gesagt, «die ist beschlagnahmt.»

Der Hubschrauber fliegt am Freitagnachmittag zum Gendarmeriekommando Sölden im Ötztal, wo Koler die Axt in einer Reisetasche dem Kollegen Schöpf übergibt. Schöpf nimmt nach eigenen Angaben die Axt, die erst am Montag mit dem Toten nach Innsbruck gebracht wird, aus der Reisetasche, legt sie im Keller auf eine Plastikfolie und fotografiert sie. Er schließt aus, daß die Axt mit Sand behaftet war – mysteriöser Sand, der sich später auf dem grünen Tuch des Seziertisches in der Innsbrucker Pathologie finden wird. Es soll sich um Glimmer handeln, der da nachträglich aus der Lederverschnürung der Axtklinge gerieselt sein müßte, werden viel später die Archäologen behaupten. Aber es wurde bis zur Stunde keine mineralogische Untersuchung mit der Fragestellung vorgenommen: Stammt dieser Sand überhaupt aus dem alpinen Raum?

Samstag, 21. September 1991: Die «Tiroler Tageszeitung» berichtet über den Fund einer nicht identifizierten, mit Kopf und Schultern ausgeaperten Leiche am Hauslabjoch. Der Vater von Markus Pirpamer, Alois Pirpamer – Hotelier, Bergführer und Leiter der Bergrettung in Vent –, begibt sich morgens zur Fundstelle. Das Wetter verschlechtert sich. Hüttenwirt Markus Pirpamer deckt vormittags die Leiche mit einer Plastikplane ab. Und er sagt, im Rückblick auf diesen Vormittag, also wenige Stunden vor der Ankunft Messners: «Die Füße waren nicht zu sehen, das Eis um den Toten war bräunlich verfärbt.»

Am Nachmittag treffen sich der Volkskundler Hans Haid und seine Frau Gerlinde gemäß der vor Monaten getroffenen Verabredung mit Reinhold Messner in der Similaunhütte. Zur Begleitung Messners zählen an diesem Samstag auch noch sein Manager Paul Hanny und der Bergführer Kurt Fritz. Oben am Similaun will man über die Kulturbrückenfunktion des Ötztales sprechen, unten in Bozen plant die Redaktion des «Alto Adige» bereits ihre Sonntagsausgabe. Redaktionsschluß ist Samstag abend, 21 Uhr.

Die Leopold-Franzens-Universität Innsbruck beauftragte später die Magisterin Elisabeth Zissernig mit der offiziellen Rekonstruktion der Fundgeschichte. Die Protokolle der befragten beteiligten Personen sind in den «Veröffentlichungen der Universität 187», «DER MANN IM EIS», 1992, wiedergegeben. Die Aussagen des Ehepaares Haid, Messners, Kammerlanders und des Bergführers Fritz tragen die Registraturnummer 13. Sie erlauben, bei allen Ungenauigkeiten, eine bemerkenswerte Zeitrechnung, mit Blick auf den Redaktionsschluß von «Alto Adige».

Das Gespräch mit dem Ehepaar Haid war für 15 Uhr vereinbart. Messner und Begleitung treffen («Unterschiedliche Aussagen», laut Magisterin Zissernig) zwischen 15 und 16 Uhr in der Similaunhütte ein. Nehmen wir den Mittelwert: 15.30 Uhr. Man setzt sich, der Wirt kommt an den Tisch und erzählt, daß oben am Hauslabjoch ein Toter liege mit einem «Eisenbeil». Pirpamer beschreibt die Fundstelle und fertigt eine Skizze der Klinge an. Dafür wird er mutmaßlich eine Viertelstunde benötigen. Es ist demnach 15.45 Uhr.

Dieser Skizze kommt große Bedeutung zu, denn alles, was nun bis Montag geschieht, das Medienspektakel um den «Gletschermann», basiert einzig und allein auf den Zeichenkünsten und Beschreibungen des Similaunwirtes.

Die Gruppe beschließt, zur Fundstelle aufzusteigen. Der Aufbruch erfolgt nach den Protokollen der Universität Innsbruck zwischen 16 und 18 Uhr. Nehmen wir wieder den Mittelwert: 17 Uhr.

Die drei durchtrainierten Bergsteiger Messner, Kammerlander und Fritz benötigen eine knappe halbe Stunde für den Aufstieg, Ankunft an der Fundstelle also 17.30 Uhr. Hans Haid benötigt eine dreiviertel Stunde, seine Frau Gerlinde eine volle Stunde. Die Zeit der Widersprüche und wundersam sich häufender Zufälle rings um die Bergung des Toten beginnt.

Messner sieht etwas, was weder die Zeugen Simon, Koler und Markus Pirpamer bis zu diesem Zeitpunkt gesehen haben und was auch Alois Pirpamer am folgenden Tag nicht mehr sehen wird: nämlich die Füße des Toten. Es gibt ein Foto, das Bergführer Fritz von Messner und Kammerlander an der Fundstelle machte und von Paul Hanny (Impressum: Foto Paul Hanny), wie andere Bilder auch, via Gamma-Press, Paris, weltweit vermarktet wurde: Die beiden sind über den Toten gebeugt – das Bild zeigt schattenhaft die Oberschenkel des mit dem Unterleib noch vom Eis eingeschlossenen Leichnams. Doch Messner erkennt: Die Beine des Toten sind mit Lederriemen umwunden, Messner – so zitiert ihn am darauffolgenden Sonntag «Alto Adige» – sieht sogar Nähte, und der Tote trägt grasgefüllte Schuhe wie die Lappen oder Eskimos.

Es gibt aber auch ein Foto des Toten von Gerlinde Haid, aufgenommen zum gleichen Zeitpunkt, bei gleichem Tageslicht, wenn auch aus unterschiedlicher Kameraposition (veröffentlicht in Hans Haids Buch «Mythos und Kult der Alpen»). Das Fritz/Hanny-Foto zeigt eine Totale, bei dem Foto von Gerlinde Haid handelt es sich um eine Nahaufnahme, und sie zeigt: Von der Hüfte abwärts kann die Kamera absolut nichts erkennen – keine Oberschenkel, keine Lederriemen, keine Nähte, keine Grasschuhe. Die Bilder passen somit nicht zusammen.

Später nach seiner Hellsichtigkeit befragt, die ihn da durch das Fundort-Ambiente blicken ließ – bis hinab in den Keller des Gendarmeriepostens Sölden, wo die am Hauslabjoch nicht mehr vorhandene Axt seit dem Vortag deponiert ist –, erklärte Messner per Telefax: «Der Tote war ausgepickelt – Füße im Schmelzwasser.» Frage: «Was genau haben Sie gesehen?» Messner: «Fast alles! Durch das Schmelzwasser hindurch.»

Dies widerspricht nun eindeutig den unter der Sammelnummer 13 von der Universität Innsbruck protokollierten Aussagen der Gerlinde Haid (20.11. 1991), Hans Haids (27.11.1991), Reinhold Messners (3.12.1991), Hans Kammerlanders (16.12.1991) und des Kurt Fritz (4.12.1991). In der offiziellen Zusammenfassung der Aussagen durch Magisterin Zissernig heißt es: «Man hackte das Eis im Gesäßbereich und entlang der Oberschenkel weiter auf.» Also ist die Story dieses Samstagnachmittages falsch, so oder so: Schmelzwasser, das den Durchblick zu Grasschuhen erlaubt, muß man nicht aufpickeln. Es sei denn, das Eis wäre während eines Röntgen-Augenscheines durch Reinhold Messner für eine gnädige Sekunde aufgetaut. Denn die Zeit drängte ja – «Alto Adige» mußte gedruckt werden.

Und dann wäre das Schmelzwasser in dieser Septembernacht wieder gefroren, denn Alois Pirpamer und der Schwiegervater seines Sohnes, Franz Gurschler, benötigten am Sonntag etwa drei Stunden, um den Toten freizupickeln.

Zusammengefaßt heißt dies alles: Als einziger erkannte Messner in einem Fundortmedium, das von den anderen Zeugen als «bräunlich-undurchsichtiges Eis» beschrieben wird, Lederriemen und Schuhwerk. Und in der Tat trug der Tote bei seiner zwei Tage später erfolgten Bergung einen Heuschuh. Woher wußte Messner das?

Die zweite Absurdität dieses späten Samstagnachmittags am Hauslabjoch: Aus dem Rekonstruktionsbericht der Universität Innsbruck geht nicht nur hervor, daß der Unterleib des Toten von Eis eingeschlossen war – sonst hätte man ja nicht pickeln müssen –, es heißt auch, daß die rechte Hand des Toten unter einer Felsplatte eingeklemmt war. Nun kann man aber in der gleichen Dokumentation nachlesen, daß die Gruppe das auf einem Steinblock ruhende Gesicht des bäuchlings liegenden Toten zu sehen bekam; es wird als «eingedrückt» beschrieben. Kammerlander gibt zu Protokoll, daß sogar noch die Augen erhalten waren.

Kammerlander blickte also in die Augen eines

Toten, dessen Unterkörper im Eis und dessen rechter Arm unter einer Felsplatte fixiert sind. Wie kommt man zu diesem Anblick, ohne dem Toten, der ja aufgerichtet werden müßte, in Hüfthöhe das Rückgrat zu brechen und ohne den eingeklemmten rechten Arm amputieren zu müssen? Kammerlander müßte nach diesem Protokoll rücklings unter das vielleicht von den Kameraden leicht angehobene Gesicht des Toten gerobbt sein, um von unten in die Augen der Mumie zu blicken. Das entzieht sich der Vorstellungskraft. Doch Kammerlander hat dem Toten in die Augen geschaut – so steht es nun einmal im Protokoll der Universität.

Messner durchzuckte an diesem frühen Abend am Hauslabjoch die Erkenntnis, daß es sich hier um einen Fund von außerordentlicher archäologischer Bedeutung handeln muß, was übrigens Hans Kammerlander nicht daran hinderte, mit einem Holzteil, das wahrscheinlich von der Kraxe des «Gletschermannes» stammte, an der Fundstelle herumzustochern. Messner schwankte zwar noch ein wenig bei der Altersbestimmung, legte sich aber dann, weil der Wirt auf der Similaunhütte ja von einem «Eisenbeil» gesprochen hatte, bei der telefonischen Durchgabe seiner Erkenntnisse an «Alto Adige» doch auf einen verschollenen Soldaten aus dem Gefolge des Fürsten Friedrich IV. mit der Leeren Tasche, Herzog von Österreich und Graf von Tirol (geboren um das Jahr 1382 in Wien, gestorben 1439 in Innsbruck), fest. Diese Einordnung ist willkürlich, weil sich die Eisenzeit ja nicht auf die Regierungszeit Friedrichs IV. beschränkt hat.

Die Biographie des Fürsten läßt auch keinen Schluß zu, warum der Südtiroler Messner schon beim Abstieg zur Similaunhütte ausgerechnet einen von diesen Soldaten zum Homo tirolensis erhebt. Immerhin hatte Friedrich IV. seine Residenz von Meran nach Innsbruck verlegt und mit Adelsbünden gestritten, die eine Loslösung vom Hause Habsburg und die Reichsunmittelbarkeit Tirols verlangten. Vielleicht war es sein Fluchtweg, der ihn in Südtiroler Augen rehabilitierte: Der Herzog mit der Leeren Tasche hatte sich auf die Seite des Gegenpapstes Johannes XXIII. (1410–1415) geschlagen und wurde von Kaiser Sigismund (1411–1437) in Konstanz gefangengenommen. 1416 konnte er fliehen – und es war das Schnalstal, das ihn in die Freiheit der Ötztaler Alpen entließ, wo er sich als Hirte verkleidete, bis er seine Macht zurückgewann. Er, und damit auch sein von Messner deklarierter Soldat, wird damit zu einer Art «Kommunikationsglied» («Alto Adige» in der Montagsausgabe vom 23. September 1991) zwischen dem Schnalser Hochtal und dem österreichischen Ötztal.

Die Gruppe hält sich laut Bericht der Universität Innsbruck etwa eine Stunde an der Fundstelle auf: «Schließlich deckten sie den Leichnam wieder zu und rüsteten zu fünft zwischen 17 Uhr und 19.30 Uhr (die Erinnerung an die genaue Uhrzeit ist unterschiedlich) zum Abstieg zur Similaunhütte.» Allein diese von Frau Zissernig übernommenen Zeitangaben, die nicht einmal zur Rekonstruktion eines Verkehrsunfalles ausreichen würden, sind schon abstrus, weil sich die Befragten wenige Monate später nicht mehr erinnern können, ob sie im späten Licht eines späten Septembertages oder in der Dunkelheit abgestiegen sind. Nehmen wir wieder den rechnerischen Mittelwert zwischen den protokollierten Aufbruchzeiten 17.45 Uhr und 19.30 Uhr, so heißt das: Abstieg 18.40 Uhr. Messner wäre somit gegen 19.15 Uhr wieder auf der Similaunhütte, um über seinen Manager die Presse informieren zu lassen. «Ununterbrochen kamen Anrufe, ausschließlich aus Italien», erinnert sich Hans Haid. Messner selbst – es sind nicht einmal mehr zwei Stunden bis Redaktionsschluß – alarmiert telefonisch den «Alto Adige»-Korrespondenten in Meran, Ezio Danieli (Danieli: «Wir haben während der Gipfelumrundung jeden Abend telefoniert»), und erzählt ihm die Geschichte vom Mann mit dem Eisenbeil. Danieli überredet von Meran aus telefonisch die Redaktion in Bozen zu einer Änderung der Titelseite und zur Aufnahme eines sechsspaltigen Berichtes im Innenteil. Diese Sonntagsausgabe vom 22. September 1991 verdiente es – wenn alles so war –, als ein Paradebeispiel redaktioneller Entschlußfreudigkeit und ungewöhnlicher journalistischer Schnelligkeit in die italienische Zeitungsgeschichte einzugehen. Und so müßte es gelaufen sein: Messner überzeugt mit seinem Basiswissen – der Axtklingen-Skizze des Hüttenwirtes – den «Alto Adige»-Redakteur Ezio Danieli per Hüttentelefon: «Dies ist eine historische Entdeckung von außerordentlicher Bedeutung.» Es ist mittlerweile vielleicht 19.30 Uhr oder 19.45 Uhr. Danieli überredet seinen Chefredakteur Melchiori:

«Historische Entdeckung von außerordentlicher Bedeutung». Die Redaktion verwirft augenblicklich ihre Tagesplanung, entscheidet sich für den Aufmacher «Ein altertümlicher Krieger auf Messners Pfaden» und begibt sich an ein neues Layout. Welchen für Sonntag ursprünglich geplanten Aufmacher die Chefredaktion nach der über Meran geleiteten Botschaft Messners von der Similaunhütte so blitzartig fallenließ, mag Melchiori, auch auf schriftliche Anfrage, nicht verraten. Vielleicht hat er es vergessen.

Die Redaktion wiederum, es ist schon dunkel, mobilisiert Severino Perelda, Inhaber eines Kunststudios in der Bozener Mendelstraße, und beauftragt ihn mit einer Illustration: «Gletschermann mit Axt». Perelda in der Stadt Bozen, der mit Messner auf der Similaunhütte *nicht* telefonierte, wird von Danieli aus Meran telefonisch eingewiesen und zeichnet abends nach Informationen aus zweiter, dritter und vierter Hand: Der Wirt Pirpamer hatte Messner von der Axt erzählt, Messner erzählte Danieli von der Axt und von dem Toten, Danieli wiederum beschrieb dem Illustrator Perelda Axt und Lage des Toten. Dafür ist die Zeichnung, die ja auch noch zweimal lithographiert werden muß, einmal für die Titelseite, einmal für den Innenteil, in der Kürze der Zeit erstaunlich präzise ausgefallen, von der übertriebenen Trapezform der Klinge abgesehen: der Tote bäuchlings, mit dem strunkartig ausgestreckten Arm, im Hintergrund Messner und Kammerlander im Anmarsch zur Fundstelle.

Auch Ezio Danieli erweist sich in diesen knapp zwei

Stunden am Samstagabend als Meister seines Faches: Er nimmt von Messner telefonisch eine Fülle von Informationen entgegen – von der Wunde am Hinterhaupt des Toten bis zu Messners Besteigung des Palla Bianco und der Zufluchtstätte des Herzogs Friedrich mit der Leeren Tasche im Schnalstal –, weist den Illustrator ein und bringt für den Andruck über seinen mit der Bozener Redaktion verbundenen Computer in Meran auch alles noch zu Papier: ein sechsspaltiger Artikel – wenn man ihn sich laut vorliest, dann dauert das fast eine Viertelstunde, was Rückschlüsse auf die Dauer des Telefonats zwischen Messner auf der Similaunhütte und Danieli in Meran zuläßt. Es war ein journalistisches Wunder, wenn es so war. Wenn es nicht so war, war die Geschichte vorher abgesprochen.

Danieli veröffentlicht, zusammen mit dem Fotoreporter Stefano Bolognese, mit unglaublicher Schnelligkeit auch ein Buch, «Der Mann, der vom Eis kam». Es wird Anfang November 1991 auf der dritten Buchmesse des Trentino präsentiert.

Sein Artikel «Sensazionale Ritrovamento in alta Val Senales» in der Sonntagsausgabe vom 22. September 1992 ist, über seine Genesis hinaus, in dreierlei Hinsicht bemerkenswert:

Erstens, Reinhold Messner – der große Alpinist, der den Schneemenschen im Himalaja sah, den Mount Everest ohne Sauerstoffflasche bestieg und die Antarktis durchquerte – hat in Sachen «Ötzi» nachweislich geflunkert, als er sagte, der Tote halte ein Beil in der Hand. Doch Messner konnte das Beil nicht sehen, denn es lag seit Freitag in Sölden; er konnte es frühestens nach Abschluß seiner Gipfelrundtour zu Gesicht bekommen haben, und dazu hätte er nach Innsbruck reisen müssen.

Er spricht laut «Alto Adige» auch von einem «Stein», den er unter *(dem nicht vorhandenen)* Beil gesehen habe, dessen Bergung er aber Fachleuten überlassen werde. Auf eine schriftliche Anfrage, welchen Stein er damals gemeint habe – es könnte sich um ein in der Tat später geborgenes amulettartiges, durchlöchertes Gebilde mit Lederschnüren handeln –, antwortet Messner lapidar: «Verfälschtes Zitat».

Zweitens, und dies spricht deutlich dagegen, daß Messner den Fund arrangierte und in Bozen vorauseilenden Journalismus bemühte: Er hatte, wie er gegenüber dem «Alto Adige» sagt, «zuallererst» das Gefühl, daß es sich hier um einen «Scherz» handele. «Die Assoziation mit den Steinfiguren von Modigliani drängt sich einem hier förmlich auf», zitiert ihn Danieli in seinem Express-Artikel.

Der «Fall Modigliani», an den Messner spontan beim Anblick der Mumie auf dem Hauslabjoch denkt, war ein aparter Fälschungsulk von Studenten aus der italienischen Kunstszene: Die Stadt Livorno plante 1984 zum hundertsten Geburtstag ihres berühmten Sohnes, des Malers und Bildhauers Amedeo Modigliani, eine Jubiläumsausstellung. Museumsdirektorin Vera Dubré kam von dem Gedanken, oder von der Legende, nicht los, daß Modigliani 1909 aus Zorn über Kritik aus Freundeskreisen an seiner Kunst einige seiner Statuen im Stadtkanal Fosso Reale versenkt haben könnte. Sie überredete die Stadtverwaltung, einen Schwimmbagger einzusetzen, der tagelang vergeblich den Grundschlamm durchwühlte. Aus Mitleid mit dem Baggerführer und auch mit Vera Dubré fertigten drei Livorneser Studenten zwei «Modigliani»-Köpfe an und warfen sie nachts in den Kanal, dem Bagger sozusagen vor die Schwimmer. Livorno strahlte, Kunstexperten bestätigten die Echtheit der Funde, sie stellten sogar Algenbewuchs fest – was die Studenten damit erklären, daß sie die Steinblöcke durch den Garten schleifen mußten und einfach Gras hängenblieb. Vor einem Millionenpublikum im italienischen Fernsehen demonstrieren die drei Falsifikatoren – was wäre schon ein Ulk ohne Auflösung, und das läßt auch in Sachen «Gletschermann» noch einiges hoffen –, wie sie innerhalb von drei Stunden mit Schlagbohrer, Hammer, Meißel und etwas Kreide einen Sandsteinblock in eine Modigliani-Skulptur verwandeln können. Dies also ist die Modigliani-Assoziation – ein Scherz aus zweiter Hand, Studenten legen eine Stadt herein –, die Messner an diesem 21. September 1991 am Hauslabjoch durch den Kopf huschte.

Drittens, Messner zieht, unter anderem beim Anblick von Rückentätowierungen, die er als Brandverletzungen oder Peitschenhiebe auslegt, auch einen Ritualmord in Erwägung. Und er ist, wie sich bald darauf zeigen wird, mit dieser Überlegung nicht allein: ein Menschenopfer, für die Götter auf den Gipfel hinaufgeschleppt?

Schwarzer Montag, Schwarzer Dienstag oder Wie eine Sternstunde über eine Universität hereinbricht

Sonntag, 22. September 1991: Noch ahnt niemand, welche Lawinen die kleine, stumme Gestalt am Hauslabjoch lostreten wird. Sie gehen auf zwei Ebenen nieder: auf einer Wissenschaftsebene, in Dutzenden von europäischen Forschungsinstituten, und auf einer Kabarettebene.

Messner und Haid verabschieden sich am Sonntag auf der Similaunhütte. Messner eilt mit Kammerlander seinem nächsten Public-Relations-Gipfel entgegen. In der Schutzhütte Pian (Zwickauerhütte, 2979 Meter Höhe) werden sie vom Vorstand der «Cassa di Risparmio» zu einem Round-Table-Gespräch über die «Rolle der Wirtschaft für die reale Situation Südtirols» erwartet; die patriotische Rundtour wird erst am 20. Oktober an ihrem Ausgangspunkt, an der Sprachgrenze Salurner Klause, enden.

Das Ehepaar Haid hingegen steigt in das Ötztal ab. Hans Haid, der – wie er selbst sagt – «mitunter belächelte» Volkstumsforscher, muß sich glücklich fühlen.

Er sieht sich durch den Toten in seiner eigenen Fundgeschichte von der nahe gelegenen «Kultstätte auf der Kaser» rehabilitiert: Es muß primordialer Boden gewesen sein, auf dem der Mann mit der Axt starb, der mythische Boden, den Hans Haid sein Leben lang auf der Suche nach Herkunft und Sinn seines Stammes, wenn nicht gar der Welt erforschte. Überall im Alpenraum gibt es die Vorstellung von dem Mann, den «der Berg» verschlungen und umschlossen hat und irgendwann ans Licht zurückgibt.

Die gesicherte Überlieferung vom Fund einer keltischen Knappenleiche im Salzbergwerk Hallein – «...an Haut und Fleisch gelb wie ein geselchter Stockfisch, ganz unverwesen» – inspirierte Ludwig Ganghofer zu seinem Roman «Der Mann im Salz». Im Untersberg bei Berchtesgaden schläft der Sage nach Kaiser Karl der Große – wie Barbarossa im Kyffhäuser – mit seinen Getreuen einen todesähnlichen Schlaf. Sein mit Perlen durchflochtener Bart wächst dreimal um den Tisch herum, doch wenn die Zeitenwende kommt, wird der Fürst aus dem Zauberberg hervortreten und auf dem großen Walserfeld sein Wappenschild an einen verdorrten Birnbaum hängen. Es ist der Baum, von dem es heißt, er sei immer wieder umgehauen worden und immer wieder nachgewachsen. Der Baum wird wieder sprießen – der Weltenbaum, axis mundi, das Zentrum des Seins –, und der Kaiser wird die Heerscharen des Antichrist schlagen und auf einem dreifüßigen Schimmel nach Salzburg reiten. Die Zwerge und Sylvanen und König Laurin mit seinem Gefolge im Südtiroler Rosengarten durchschwirren alpines Bewußtsein. Eine Spur vom Zauber jener theogonischen Mythen wird auf den «Ötzi»-Fund abfärben. In der Ötztaler Heimat des Hans Haid gibt es einen Sagenkreis, der es ihm besonders angetan hat: Es sind die Sagen vom «Jäger im Hinteren Eis», von den «Drei Wilden Fräulein am Ferner» oder den «Saligen Fräulein». Zentrales Motiv ist die Geschichte vom Jäger, der das von den Drei Frauen behütete Gamswild jagt. Sie überreden ihn zum Schwur, davon abzulassen, und versprechen ihm alles Glück auf Erden. Er bricht seinen Eid und kehrt als Jäger in das Gebirge zurück; da treten die Drei Frauen als Lichtgestalten vor ihn hin und blenden ihn mit Blitzen aus ihren Augen, der Berg grollt und öffnet sich, der arme Mann stürzt in den Abgrund – und wird zum «Jäger im Hintereis». In einer sanfteren Version der Sage wird er von den Drei Saligen in einen Kristallpalast unter dem Berg entführt.

Seit jenem Sonntag am Hauslabjoch sind für Hans Haid Sagen wirklichkeitsgesättigt wie nie zuvor: Die Bauern wußten, wovon sie erzählten. In der Neuauflage seines Buches «Mythos und Kult in den Alpen» schreibt Haid nach der Entdeckung des sogenannten Gletschermannes: «Dreimal erkennen wir in der Sage die Gestalten der verschwundenen Jäger im Gletscher. In allen Fällen im ‹HINTEREN EIS›, und das kann darauf hinweisen, daß es das Eis ganz hinten im Tal ist. Genau dort, wo der ‹Mann im Eis› gefunden wurde.»

Ein Volkskundler sieht sich durch den Toten vom Hauslabjoch bestätigt, und so hätte er am Nachmittag seines Glückstages eigentlich gar nichts hinzufügen müssen; zudem hatte Messner ja schon am Samstag von der Axt in der Hand des Toten erzählt. Doch als «Alto Adige»-Redakteur Danieli ihn nach der Rückkehr in Vent anruft, erklärt Hans Haid – und so beschleunigen Legenden ihren Lauf – allen Ernstes für einen Beitrag in der Montagsausgabe, 23. September, das Beil habe eine besondere Bedeutung, es stelle einen frühzeitlichen Hinweis dar, dem «besondere Aufmerksamkeit gewidmet werden muß». Dabei hat er wie Messner «übertrieben»; denn er hatte das Beil noch gar nicht gesehen, es lag ja doch im Keller zu Sölden. Haid bekommt es erst am Montag beim Abtransport des Toten nach Innsbruck zu Gesicht. Eine Informationspyramide steht kopf, auf dem kleinen Skizzenblatt des Hüttenwirtes Markus Pirpamer.

Aber das alles verblaßt angesichts des Verwirrspiels von Inkompetenz, Desinformation und Nachrichtensperren durch die Universität Innsbruck, gepaart mit massiven kommerziellen Vermarktungsstrategien innerhalb des PR-Projektes «Der Mann im Eis».

Der Tote verbringt an jenem Sonntag, dem 22. September 1991, am Hauslabjoch seinen letzten einigermaßen ungestörten Tag. Alois Pirpamer steigt mit dem Schwiegervater seines Sohnes, Franz Gurschler, abermals zur Fundstelle auf. Die Fundberichte lassen selbst in ihrer nüchternen Sprache noch erkennen, daß es Fürsorge für den Toten gewesen sein muß, die ihn wieder den Berg hinauftrieb. Er versucht zwar noch, mit Gurschler den Toten aus dem Eis zu pickeln, stundenlang, gibt aber dann auf, deckt ihn mit Plastikmaterial zu und sichert die Folien noch zusätzlich mit Eis und Schnee, um ihn zu schützen und zu verstecken. Alois Pirpamer und Franz Gurschler sammeln den größten Teil der herumliegenden Fell- und Heureste, die Schnüre und Hölzer in einem Plastiksack und bringen die Funde nach Vent: Selten wurde ein Fundort so amateurhaft «aufgeräumt».

Etwas später trifft ein Kamerateam, das Messners Manager Paul Hanny beauftragt hatte, am Hauslabjoch ein. Das Team muß aber unverrichteter Dinge wieder abziehen, weil die Absicherung des Toten durch die Folien massiv ist und die Zeit drängt.

Montag, 23. September 1991: Eine Chronologie des Dilettantismus beginnt, der Schwarze Montag für die Leopold-Franzens-Universität Innsbruck, die sich Wochen später zum Gralshüter der reinen «Ötzi»-Lehre erklären wird. Sie beginnt im Bereich Gerichtsmedizin und endet in einer Doppeltragödie, für einen Menschen und für die Universität.

Mittags klart der Himmel auf, ein in Innsbruck stationierter Hubschrauber des österreichischen Bundesinnenministeriums fliegt nach einer Zwischenlandung in Vent Richtung Similaun/Hauslabjoch. An Bord ist der Chef des Gerichtsmedizinischen Instituts der Universität Innsbruck, Professor Dr. Rainer Henn. Es fehlt ein Archäologe, obwohl Haid nach seinen Angaben in «Mythos und Kult in den Alpen» an ebendiesem Morgen um 9 Uhr den Direktor des Landesmuseums Ferdinandeum, Dr. Amann, auf das mutmaßliche Alter des Toten von fünfhundert Jahren hingewiesen hatte. Dabei war noch ein Platz im Hubschrauber reserviert – für wen, ist nicht mehr zu erfahren –, doch der Platz bleibt leer. Die Fachrichtung Pathologie genießt am Hauslabjoch Alleinvertretungsrecht, und unten, am Innrain, sitzen die Archäologen und haben die Zeitungen offenbar noch nicht gelesen.

Die folgenden Vorgänge müssen zweimal erzählt werden, einmal als Tragödie und dann als Kabarett. Henn und die Bergungshelfer stehen immer noch vor dem im Eis fixierten Toten. Sie bitten vorbeikommende Bergwanderer – inzwischen herrschte vergleichsweise lebhafter Verkehr am Fundort, nach 5300 Jahren Einsamkeit – um einen Eispickel und Skistöcke. Damit hacken sie den Leichnam frei. Ein auf dem Bauch liegendes Menschlein – den starren linken Arm unter dem Oberkörper weit ausgestreckt, die Hand weist ins Nichts – wird mit dem Pickel gewendet, Lederfetzen kommen ans Licht, Eissplitter flirren durch die Luft, die verdorrten Beine werden sichtbar, die offenbar vom Schrämmhammer zerfranste linke Hüfte. Professor Henn faßt an den Füßen an und hilft, den Toten herauszuheben und auf den Rücken zu drehen. Entsetzliche Bilder – aufgenommen von dem ORF-Kamerateam Rainer Hölzl und Tone Mathis, das vor dem Regierungshubschrauber am Hauslabjoch gelandet war – gehen nach diesem Montag um die Welt: der Stahlzahn des Pickels, der auf Haaresbreite um den Toten herumtanzt, das Scharren und Zerren und Umdrehen, die blicklosen Augen der Mumie, die sich auf einmal unter dem Himmel wiederfinden. Professor Henn steht unter Zeitdruck, das Wetter droht umzuschlagen, eine böse Sache in 3200 Meter Höhe. Henn sieht seine Aufgabe unter forensisch-staatsanwaltschaftlichen, nicht unter archäologischen Aspekten. Archäologen hätten vielleicht die Fundstelle mit flüssigem Stickstoff vereist, ein tiefgefrorenes Bodensegment mit dem daraufliegenden Toten herausgefräst und per Hubschrauber ins Tal gehievt. All diese Umstände können die schrecklichen Videobilder von der Bergung nicht entschuldigen, aber sie machen sie verständlicher. Henn hatte gar keine andere Wahl. Spätere Vorwürfe ob seines Dilettantismus hätten ihn ebenso getroffen, wenn er sich gegen den Pickel und für ein Freischmelzen des Toten mit einem aus Innsbruck angeforderten Dampfstrahlgebläse oder mit Heizstrahlern entschieden hätte. Dann wäre nämlich die Katastrophe, die am folgenden Tag in der Innsbrucker Pathologie eintrat – plötzlicher Befall durch nicht identifizierbare weiße und blaue Pilze, kreisrunde Schimmelrasen, die sich in Minutenschnelle auf dem Leichnam bilden –, vielleicht schon am Hauslabjoch eingetreten. Die Universität konnte ihrem Schwarzen Montag gar nicht entgehen.

Völkerrechtlich guten Glaubens – die Carabinieri im Schnalstal hatten ja abgewunken – überführen die Österreicher «ihre Mumie» nach Innsbruck. Henn läßt den Toten am Fundort in eine Plastikfolie einschlagen. Unter den Hubschrauberkufen pendelnd, fliegt die Mumie nach Vent, wo ihre Axt und der Bestattungsunternehmer Klocker zur Weiterfahrt nach Innsbruck warten.

Es muß ja nicht unbedingt der Schimmel-Hospitalismus der Innsbrucker Pathologie gewesen sein, der sich des Leichnams kurz nach der Einlieferung in das Institut bemächtigte. Die Mumie könnte jahrtausendealte Sporen in sich und an sich getragen haben, Sporen, die wieder zum Leben erwachen, Sporen, die die Wissenschaft nie kennenlernen konnte, gegen die es kein Fungizid gibt, archaisches Leben, das Evolutionen ausließ. Ein nachträgliches Gedankenspiel: Der Professor, der den Toten ohne Handschuhe berührt und gewendet hat, gibt dem Helikopterpiloten die Hand, oder eine Assistentin oder eine Putzfrau faßt in der Pathologie eine Türklinke an und trägt die fremden Sporen nach Hause, die Kinder tragen sie in die Schule – und wie Mehltau legt sich der «Fluch des Ötzi» über das Land... Ein Alptraum, gewiß, aber auch eine nicht völlig abwegige Vorstellung.

Beim Umbetten in Vent wird dem Toten vom Hauslabjoch der sperrig abstehende linke Arm gebrochen, weil er sonst nicht in den Sarg gepaßt hätte. Bestatter Toni Klocker tippt, wie Haid berichtet, mit dem Finger auf die Leiche und sagt: «Sie wird weich und taut auf. Jetzt schnell nach Innsbruck.»

Hier wird der Mann vom Hauslabjoch seinen zweiten und dritten Tod sterben, erst durch den Pilz, dann durch die Forschungs- und Informationspolitik der

Leopold-Franzens-Universität. Rainer Henn, der der Universität im Sektor Gerichtsmedizin diesen Schwarzen Montag eingebrockt hat – nicht nur Österreich schwankt zwischen Gelächter und Entsetzen –, stirbt am 25. Juni 1992; er verunglückt auf der Fahrt zu einem «Gletschermann»-Vortrag in Sankt Stefan an der Gail in Kärnten. In seinen letzten Lebensmonaten muß er das Fegefeuer auf Erden durchschritten haben. «Wenn Messner nicht diesen Medienrummel veranstaltet hätte», sagt seine Witwe, «dann wäre die Bergung unter ganz anderen Umständen, viel ruhiger abgelaufen. Aber so haben die Bilder meinen Mann weltweit als Trottel hingestellt. Und dabei war er ein so renommierter Wissenschaftler. Und ein so bedächtiger Mann.»

Und ein Mann mit schwarzem Humor war er, ohne den Pathologen in ihrem Umfeld von Gehängten, Erschossenen, Zerstückelten und Verbrannten offenbar nicht überleben können. Für Henn starb beispielsweise ein Mann, der erschossen wurde, an «Bleivergiftung». Und dieser Humor wurde ihm zum Verhängnis. Hofrat Professor Dr. Hans Unterdorfer, der die Nachfolge von Rainer Henn als Leiter des Gerichtsmedizinischen Institutes der Universität Innsbruck antrat und seinen ehemaligen Chef zutiefst verehrt, schildert die Situation am Hauslabjoch und die folgenden Geschehnisse so: «Henn sah auf den ersten Blick, daß es sich um keinen Gletschertoten handelte, der aus dem Eis ausgeapert wurde. Für ihn war es von Anfang an eine deponierte Mumie, ein Jux. Das Ganze hat ihn sehr amüsiert, es hat ihn wirklich amüsiert, sonst hätte er auch vor der Kamera nicht erklärt: ‹Der (Tote) ist eher alt.› ... Wenn nicht Messner mit seinem Spektakel gewesen wäre, hätten die Dinge einen ganz normalen Verlauf genommen. Wir vom Institut hätten erklärt, der Mann ist seit einigen hundert Jahren tot, um die Justizbehörden *(wegen der Verjährungsfrist bei Gewalttaten)* zu beruhigen, und dann wäre er irgendwo auf einem Bergfriedhof beerdigt worden... Als der Leichnam in die Pathologie kam, habe ich noch bis zum Abend auf einen Archäologen gewartet, aber es kam keiner, ich bin dann heimgegangen... In den folgenden Tagen erhielten wir Anrufe von Kollegen, die nicht genannt sein möchten. Sie warnten uns und sagten: Paßt auf, laßt euch mit der Sache vom Hauslabjoch nicht linken. Wir sagten: Danke für den Hinweis, aber wir wissen schon, wo wir dran sind... Wir bekamen dann auch Post, zum Beispiel einen Reisepaß des Ötzi...»

Soweit Hofrat Professor Dr. Hans Unterdorfer, Leiter des Gerichtsmedizinischen Instituts der Universität Innsbruck, der als Pathologe wie sein Vorgänger Henn in allem Ernst und unbeeindruckt vom Wissenschaftsgetöse rund um den «Mann aus dem Eis» sagt: «Der Tote kommt nicht aus einem Gletscher. Ein Gletscher hätte ihn zermalmt. Und was wahr ist, muß wahr bleiben.»

Hinter der erwähnten in der Innsbrucker Pathologie einlaufenden Post regt sich eine bestimmte humoristische Energie der Tiroler, die zu den Anfängen des Mumienfundes am Hauslabjoch – es war ein Jux – zurückführen könnte. Aus dem Ötztaler Vent beispielsweise kommt kurz nach dem Fund – es muß vor dem 28. September, also spätestens fünf Tage nach der Bergung gewesen sein, weil Hofrat Dr. Unterdorfer in Vertretung seines Chefs, Professor Henn, bereits am 28. September 1991 antwortet – folgender Brief: «Sehr geehrter Herr Professor! Ich sende Dir mittels Post einen Paß, den ich letzten Samstag, am Finailerschartele gefunden habe. Ich hoffe, Du tust Dir damit bei Deiner wichtigen Arbeit der Altersbestimmung von der Leich am Similaungletscher etwas leichter. Glückauf und Bergheil wünscht Dir mit freundlichen Grüßen, Dein Seppl.» Bei dem Paß handelt es sich um ein umfrisiertes Mutter-Kind-Ausweispapier mit eingeklebtem Foto des «Gletschermannes».

Ein Tiroler aus Prutz/Oberinntal, Haushaltsgerätevertreter Pedross, plaudert via Muttergottes mit «Ötzi» und informiert die Heimat in einer ORF-Sendung, der «Gletschermann» sei am 10. April des Jahres 3137 vor Christus im späteren Bozen zur Welt gekommen und im neunten Jahrhundert unserer Zeitrechnung als Berater des Papstes wiedergeboren worden. Ein Wiener namens Koser, Nestroys Quergedanken sind überall, schickt Professor Henn als Anzahlung einhundert Schilling und bittet um Überstellung seines vom Hauslabjoch nach Innsbruck transferierten Onkels Gwenndlynn nach Wien, per Nachnahme. Das ist die eine Seite, der Tote vom Hauslabjoch läßt österreichischen Humor explodieren. Es gibt bald auch eine Plattenaufnahme: «I bin da Ötzi vom Gletschi und spiel Verschtecki.» Der Humor schwappt über die Grenzen. Daß Reinhold Messner am Hauslabjoch einen mittelalterlichen Soldaten des Herzogs Friedrich mit der Leeren Tasche ausmacht, läßt einen Musiker der «Biermösl-Blosn», die mit Gerhard Polt kooperiert, nicht ruhen. Er gräbt unter dem Fußboden seines Bauernhofes im oberbayerischen Ascholding nach und findet Anfang 1993 Skeletteile und eine sechzig Zentimeter lange Speerspitze, die den «Homo ascholdingensis» als frühmittelalterlichen Krieger ausweisen. Das Bayerische Landesamt für Denkmalschutz nimmt sich allen Ernstes der Sache an, die Untersuchungen werden etwa ein Jahr dauern.

In dem Pathologen Henn, der als Pathologe den makabren Jux am Hauslabjoch durchschaut haben soll, und dem Archäologen Spindler, der sich in der Pathologie eine Axtklinge anschaut – in dieser Begegnung zweier bundesdeutscher Wissenschaftler auf Tiroler Boden –, prallen zwei Welten aufeinander.

Rainer Henn hat die Leopold-Franzens-Universität blamiert – aber nur partiell. Seine Bedächtigkeit hätte der Universität die unausweichliche globale Blamage rund um die Ötztal-Sensation ersparen können. Doch das Schicksal stürmte in Gestalt Spindlers vor die Kameras. Die Regie für den Schwarzen Dienstag der Universität, den 24. September 1991, führt jetzt der Archäologe. Professor Dr. Konrad Spindler – habilitiert in Mittelalterlicher Archäologie, Inhaber des Lehrstuhls für Ur- und Frühgeschichte der Universität

Innsbruck – betritt morgens das Gerichtsmedizinische Institut, nimmt die Axt in Augenschein (für den Toten habe er sich gar keine Zeit genommen, sagt Hofrat Dr. Unterdorfer) und verständigt wenige Minuten später das Wiener Wissenschaftsministerium und das Römisch-Germanische Zentralmuseum in Mainz. In einem Statement für den ORF sagt er – und diese Worte verdienen festgehalten zu werden, weil sie auf fatalste Weise die Weichen für die künftigen Geschehnisse stellen – über den Fund: «Als ich heute morgen um acht Uhr zum erstenmal den Leichnam zusammen mit den beigefundenen Artefakten sah, war es sofort klar, daß es sich um einen vorgeschichtlichen Fund handelt. Die mitgefundenen Gegenstände sind so typisch für die frühe Bronzezeit, daß an dem Alter 2000 vor Christi Geburt, 4000 vor heute, nicht die geringsten Zweifel bestehen können.»

Viertausend Jahre! Das Alter des Toten wird von Professor Spindler per Augenschein einer Axtklinge – also einzig und allein durch die stilistischen Elemente der Randleisten, die in jeder Dorfschmiede imitiert werden könnten – an diesem Dienstagmorgen fixiert. Und Universität und Medien lassen sich auf diesen Zeitraum festlegen, den Spindler, ohne eine Radiokarbon-14-Altersbestimmung des Körpergewebes oder des Axtstieles abzuwarten, in seinen Interviews immer wieder bekräftigt: «Steht zweifelsfrei fest... Keine Datierungsprobleme... Irrtum ausgeschlossen... Wir haben für alles eine wissenschaftliche Erklärung.» Die gesamte «Gletschermann»-Story, die vermeintlich größte archäologische Sensation seit Entdeckung des Pharaonengrabes von Tutenchamun (gest. 1337 v. Chr.), fußt auf dem Aussehen einer Axtklinge, auf den zwei Augen des Konrad Spindler, den der Atem der Geschichte fortreißt, und mit ihm die Universität: In einem BBC-Interview sagt er, er habe sich beim ersten Anblick des «Gletschermannes» ähnlich gefühlt wie der Ägyptologe Howard Carter im Jahre 1922 bei der Öffnung des Pharaonengrabes von Tutenchamun.

Auf diesen Schwarzen Dienstag fällt schon am Morgen der erste große Irrtum, dem sich die Leopold-Franzens-Universität in ihrer zunächst provinziellen Friedfertigkeit, hinter ihren josephinischen Fassaden mit den goldenen Lettern über dem Portal, umhaucht vom sanften Gelb der Habsburger Architektur Innsbrucks, hingibt. Denn nach eineinhalb Jahren fehlen ihr in der Spindlerschen Zeitrechnung 1300 Jahre. Die Axt ist in Spindlers Augen 4000 Jahre alt, der Tote ist nach den mittlerweile vorliegenden C-14-Datierungen des Instituts für Mittelenergiephysik der Eidgenössischen Technischen Hochschule Zürich und der Radiocarbon Accelerator Unit, Research Laboratory for Archeology and History in Oxford, 5300 Jahre alt. «Wie kommt ein Mann aus der Steinzeit zu einem Kupferbeil mit dem High-Tech-Design der Bronzezeit?» fragte der Archäologe Lawrence Barfield, Birmingham University, in einem BBC-Film. «Da wollte wohl jemand den Vorgeschichtlern das Staunen beibringen (to embarass the prehistorians).» Und eine renommierte Hamburger Archäologin, die freilich ungenannt bleiben will, sagt: «Warum ist die Axt nicht patiniert? Hat Ötzi die Waffe mit Sidolin geputzt?»

Wenn 1300 Jahre keinen Unterschied ausmachen, dann müssen wir uns fragen, warum Kaiser Karl der Große nicht mit seiner Honda beerdigt wurde? Diese Lücke von 1300 Jahren wäre amüsant, wenn sie nicht die später von der Universität europaweit vorgegebenen Forschungskriterien beeinflussen würde, die ihrerseits entscheidende Wissenschaftsdisziplinen ausschließen: Es gibt Dinge, die man offenkundig nicht genau wissen möchte – oder von denen man nicht weiß, daß man sie wissen müßte.

Dies wären die entscheidenden Fragestellungen zu Beginn des Projektes gewesen: Wo kommt der Tote her? Stimmen das Alter des Leichnams und das Alter des Fundort-Ambientes überein? Herrscht an der Uni Innsbruck ein Frageverbot? Man hätte zu Beginn des Forschungsprojektes die Molekular-Archäologie und die Metallo-Archäologie bemühen müssen, statt beispielsweise eine Untersuchung zur «Morphologie des Zahn- und Kieferapparates des Mannes vom Hauslabjoch» in Auftrag zu geben, deren Ergebnisse wegen der Kiefersperre der Mumie bescheiden ausfielen.

Der zweite elementare Irrtum, dem die Universität in der aufgehenden archäologischen Sternstunde der Menschheit anheimfällt, geht auf die Bedächtigkeit des unglücklichen Gerichtsmediziners Rainer Henn zurück, mit seinem mißverstandenen britischen Humor, dem man einfach nicht glauben wollte. Spindler reißt die Sache an sich – und gewinnt. Auftreten und Charaktere von Henn und Spindler könnten unterschiedlicher nicht sein. Der kleine und rundliche Professor Henn mit seinen traurig-besinnlichen Augen, sein Berufsleben lang von Toten umgeben, der in seinem grauen Anorak oben am Hauslabjoch vor dem Leichnam steht und – weil er als Pathologe ahnt, daß die Sache nicht stimmen kann – sich mit dem Satz in die ORF-Kamera flüchtet: «Der ist *schon lange* tot.» Und da ist Spindler, hellwach, mit ruhelos wandernden Augen in einem eher verschlossenen Gesicht, dem Anflug eines Lächelns, das jeder Kameramann bei Interviews mit der Kamera abknipsen kann. Lernfähig und publizistischer Effekthascherei nicht abgeneigt. In den ersten Tagen umrundet er den Toten auf dem Tisch der Pathologie noch in Jeans; als dann später am Hauslabjoch eine Schlehbeere – sie wird in Innsbruck mit einem Mammographie-Röntgengerät als Schlehbeere identifiziert – aus dem mutmaßlichen Proviant des «Ötzi» – gefunden wird, zieht der Geisteswissenschaftler Spindler einen weißen Kittel an, um vor der Presse die Beere unter dem Mikroskop zu mustern. Und eloquent ist der Professor, wenn er gutgläubigen Journalisten in aller Eindringlichkeit von einem Gletscher erzählt, der den Toten am Hauslabjoch umschlossen haben soll – ein Gletscher, den Konrad Spindler niemals gesehen hat und niemals sehen wird, weil sich das Eis schon vor Jahrzehnten vom Fundort Richtung Niederjoch und Similaun zurückgezogen hatte.

Henn, der belächelte Bedächtige, und Spindler, der zum Podest des «berühmtesten Archäologen der Welt» Voranstürmende: Man sieht beide, wenige Tage nach dem Fund, zusammen in einer Sequenz eines ORF-Filmes. Der ORF-Kommentar lautet: Die Ehe der Wissenschaftler werde schon nach wenigen Tagen wieder geschieden, Professor Henn werde vor die Presse treten und erklären, daß er am Jahrtausende zählenden Alter des Toten zweifle und daß für ihn ein Spaßvogel die Mumie «da oben deponiert» habe. Mit diesen beiden Sätzen hat sich Henn, all den fatalen Bergungsbildern vom Hauslabjoch zum Trotz, seine wissenschaftliche Seriosität bewahrt.

Über die Leopold-Franzens-Universität bricht nach Spindlers Erklärung besagte Sternstunde herein. Die Medien drohen das archäologische Institut zu erdrükken. Die Post muß zusätzliche Telefonleitungen legen, Assistentinnen machen Überstunden als Dolmetscherinnen. Im Hof der Universität werden Satellitenschüsseln aufgebaut, «Ötzi» elektrisiert die Welt, aus Amerika, sogar aus Neuseeland kommen Kamerateams. Im Zentrum dieses Medienwirbels formiert sich ein akademisches Dreigestirn mit einem Mainzer Nebenstern: Es sind Professor Dr. Konrad Spindler, Koordinator für den kommenden europäischen Wissenschaftsverbund zur Erforschung des «Gletschermannes», dem sich etwa achtzig Institute anschließen werden; dazu gehört Universitätsrektor Professor Dr. Hans Moser, der als Germanist an seiner Universität ein von ihm geleitetes mit Bundesmitteln, Landesmitteln und Zuschüssen aus Südtirol ausgestattetes Institut «Mensch und alpine Umwelt von der Urzeit bis ins frühe Mittelalter» etablieren wird; als dritter tritt Chefanatom Professor Werner Platzer auf den Plan, der im «Ötzi» ein Geschenk Österreichs an die ganze Welt sieht, jedoch fleißig Erlasse zur Gängelung von Journalisten, aber auch von Wissenschaftlern, unterschreibt. Und da ist im flachen Deutschland der Tiroler Dr. Markus Egg vom Römisch-Germanischen Zentralmuseum in Mainz. Innsbruck wird vorrangig für die Untersuchung des Toten zuständig sein, Mainz unter Projektleitung von Dr. Egg für die Fundobjekte. Egg, ein liebenswerter Mann, wird nach Messner und Haid der dritte Tiroler sein, der in Sachen «Gletschermann» ein wenig phantasiert: Er redet bei Gelegenheit von einem zweiten Pfeilbogen, den es überhaupt nicht gibt. Aber seine imaginierte Existenz könnte erklären, was der neolithische Wanderer zwischen den Gipfeln gesucht hat. Dazu später mehr.

Die weltweit vermarktete Sternstunde der Innsbrucker Archäologie öffnet den Nachbarn südlich des Alpenhauptkammes die Augen, vermutlich zum Entsetzen der Carabinieri im Schnalstal, die gesagt hatten: «Holt ihn euch.» Es zeichnet sich ein völkerrechtlicher Konflikt ab, in dem ein vergessener Grenzstein am Hauslabjoch eine Schlüsselrolle spielen wird. Es schmerzt nämlich nicht nur die autonomen Südtiroler, daß ausgerechnet ein Piefke aus Nürnberg den Homo tirolensis auf vermeintlich österreichischem Territorium fand. Italiens Ministerpräsident Giulio Andreotti fordert Mitte Oktober 1991 in seiner Eigenschaft als amtierender Kultusminister im «Streit um den Löwenanteil am Eismannkuchen» (so der Wiener «Kurier») die Auslieferung des Toten vom Hauslabjoch als nationales Monument.

Zur Zeit der Drucklegung des vorliegenden Buches wünscht sich Rektor Hans Moser – vom Grenzstreit entnervt und ein finanzielles Desaster seiner Universität vor Augen – eine Schaufel, um den Toten einfach begraben zu können, was Henn ja ursprünglich vorgehabt hatte.

Rainer Henn verunglückt bei einem Verkehrsunfall am 25. Juni 1992 tödlich, am 19. August 1992 stürzt bei einem alpinen Rettungseinsatz nahe Außerfern/Vilsalpsee der Hubschrauber ab, dessen Besatzung viele Flüge zum Hauslabjoch unternommen hatte. Die Notärztin an Bord, die sich mit einer Winde zu einer verunglückten Bergsteigerin abseilen wollte, stirbt, der Pilot wird schwer verletzt. In beiden Fällen ist die Unfallursache klar: Henn wurde von einem anderen Verkehrsteilnehmer gerammt, das Windenseil des Hubschraubers streifte das Seil einer vergessenen, in keiner Karte eingetragenen Seilbahn für Heutransporte in den Bergen.

Aber seither geht in Tirol der Gedanke in den Köpfen um: «Das war der Fluch des Ötzi!»

Grenzstein B 35 – der springende Punkt

Was Reinhold Messner schon vom ersten Augenblick an, auf 92,5 Meter genau, geahnt hat, wird in den folgenden Tagen geodätisch bestätigt: Der Tote lag auf italienischem Staatsgebiet der Autonomen Provinz Südtirol, es fehlten ihm eben diese 92,5 Meter bis zur Grenze, um Österreicher zu sein. Die besitzende Nichteigentümerin der Mumie und der Fundstücke, die Republik Österreich, erkennt die Ansprüche der klagenden nichtbesitzenden Eigentümerin, der Provinz Südtirol, an: Der Tote gehört Bozen. Hätte die Provinz ihre Ansprüche nicht wahrgenommen, hätte der italienische Staat die Rechtsnachfolge angetreten.

Südtirol verdankt dieses Geschenk des Himmels einer kleineren kartographischen Groteske, nämlich dem Grenzstein B 35 am Hauslabjoch, den die Gendarmen in Sölden und die Carabinieri im Schnalstal bei ihrer telefonischen Absprache am 19. September 1991 vergessen hatten. Sie zogen auf ihren Karten eine Linie zwischen den Grenzsteinen B 34 und B 36,

«Ötzi» war somit Österreicher, und Innsbruck durfte guten Glaubens übernehmen, bis eben die Geodäten kamen und feststellten: Die im Friedensvertrag von Saint-Germain-en-Laye 1919 nach der Wasserscheide zwischen Etsch und Inn festgelegte Grenze macht ausgerechnet an der Fundstelle einen winzigen Sprung, triangelförmig Richtung Österreich, markiert durch den vergessenen Grenzstein B 35 und bedingt durch das österreichfeindliche Verhalten einer Gletschergruppe, die es bei den Vermessungsarbeiten nach dem Ersten Weltkrieg noch gab. Die Kommissionen Österreichs und Italiens legten hier den Grenzverlauf nach der Scheitelhöhe des Eises fest, weil sie annahmen, die Scheitelhöhe des Eises entspreche der Höhe des Felsens unter dem Eis und damit der Wasserscheide. Als der Gletscher dann im Laufe der Jahrzehnte schmolz und die Felsformation ans Licht kam, lag die Wasserscheide ein wenig daneben, und Messner hatte recht: «Ich sah ihn auf italienischem Boden.» In Nordtirol machte sich Entsetzen breit. Nicht genug damit, daß der «Piefke» Helmut Simon aus Nürnberg den Homo tirolensis gefunden hatte – nun schlagen auch noch die Südtiroler zu. Im Ötztal (Söldens Bürgermeister Ernst Schöpf, der ein Mausoleum bauen möchte: «'s Eismandl isch oana vo ins») kursieren Sterbebilder mit einem Porträt des Toten: «Wer ihn gekannt hat, weiß, was wir verloren haben. Wir haben um ihn gekämpft, bis die Walschen ihn uns genommen haben.»

Südtirol – das Land der Walschen, durch Rom in neue Autonomie-Kompetenzen eingesetzt – gibt sich souverän und legt gegenüber der Republik Italien und dem österreichischen Bundesland Tirol seinen Standpunkt dar: Der «Gletschermann» gehört uns, Fundort ist Fundort! Die Mumie vom Hauslabjoch verleiht dem Geschehen also auch eine völkerrechtliche Komponente. Südtirol hat die Teilung Tirols über siebzig Jahre hinweg nie hingenommen, mit dem Fund der Mumie, 92,5 Meter von Austria entfernt, erkennt Bozen die «Unrechtsgrenze» endlich an, wovon Staatsmänner in Rom seit Jahrzehnten nur träumen konnten. «Ötzi» besiegelt in einem sich einigenden Europa die Teilung Tirols. Der Südtiroler Regierungschef, Landeshauptmann Durnwalder, bricht dennoch die Brücken nicht ab. In einem «fruchtbaren Gespräch» mit dem Nordtiroler Landeshauptmann Partl und der Universität Innsbruck wird vereinbart, daß die Universität als Landesuniversität für beide Teile Tirols den Toten zunächst drei Jahre lang untersuchen darf, während das Römisch-Germanische Zentralmuseum in Mainz im gleichen Zeitraum die Artefakte konservieren und untersuchen wird. Durnwalder fordert den römischen Minister für Kulturgüter, Facchiano, auf, den Nordtirolern nachträglich eine zeitlich befristete Exportgenehmigung für die guten Glaubens nach Österreich transferierten Funde zu erteilen. Auf Überlegungen, daß Nordtirol ein einst nach Innsbruck entführtes Südtiroler Nationalheiligtum, den gotischen Altar von Schloß Tirol bei Meran, gegen den «Gletschermann» eintauschen könnte, geht Durnwalder nicht ein. Die «Walschen» bleiben hart.

Sie werden sogar noch härter: Sie verweigern – möglicherweise aus kosmetischen Gründen, denn «Ötzi» soll ja später ohne Schnittwunden und Nähte in einem Südtiroler Museum in einer Art Schneewittchen-Sarg zur Schau gestellt werden – die Obduktion ihres Toten in der Innsbrucker Anatomie, was aber beispielsweise die Münchner Anthropologin van den Driesch nicht davon abhält, ohne Kenntnis des Mageninhalts, zu fabulieren, «Ötzi» habe kurz vor seinem Tod ein «männliches» Steinbock-Steak verzehrt. Das Beispiel ist banal, aber es sei hier angeführt, weil sich die Grotesken rund um den «Gletschermann» immer schneller addieren: Reinhold Messner spricht von einem Eisenbeil, das er nicht gesehen hat, Professor Spindler spricht von einem Gletscher, den es gar nicht gibt, die Münchner Professorin für Paläoanatomie van den Driesch spricht von einem Steinbock-Steak, zu dem sie keinen Zugang hatte, und der Leiter des Forschungsprojektes «Gletschermann-Artefakte» im Römisch-Germanischen Zentralmuseum in Mainz, Dr. Markus Egg, erzählt der Welt in einem Gespräch mit «Time» von einem zweiten «Ötzi»-Bogen, den er sich einfach vorstellt.

Das Verhalten der Südtiroler beziehungsweise der italienischen Seite überschreitet im Sommer 1992 den Aggregatzustand «Störrisch» und nähert sich durch die Gunst des am Hauslabjoch übersehenen Grenzsteines B 35 der absoluten geistigen Autonomie Südtirols: «Wir machen mit dem Eismann, was wir wollen!» Bozen kontert eine von Innsbruck von der

Wo alles begann: Das Hauslabjoch in den Ötztaler Alpen (die beiden Bergsteiger in der Rinne auf dem Weg zur Fundstelle). Und im Schnee das Menschenbündel, das die Welt bewegen wird.

Das seltsame Fund-Arrangement am Felsen: An den Stein gelehnt die Axt des «Ötzi». Über der Axt das hölzerne Tragegestell, die «Kraxe».

Auch ein Wunder vom Hauslabjoch: Wenn schon der Gletscher die Kraxe des Toten am Felsen angelehnt ließ – warum wurde sie dann nach dem Freischmelzen nicht von Stürmen fortgewirbelt?

Bildzitat aus dem Dokumentationsband der Universität Innsbruck «Der Mann im Eis»: Reinhold Messner (rechts) und Berggefährte Kammerlander zwei Tage vor der Bergung an der Fundstelle.

Stochern nach der Vergangenheit: Mit Skistöcken und einem Pickel, die man sich von Touristen an der Fundstelle geliehen hatte, wird der Tote vom Hauslabjoch in Anwesenheit von Professor Dr. Rainer Henn (rechts) freigelegt. Der Chefpathologe, hieß es später, war amüsiert. In seinen Augen hatte ein «Spaßvogel» hier eine Mumie deponiert.

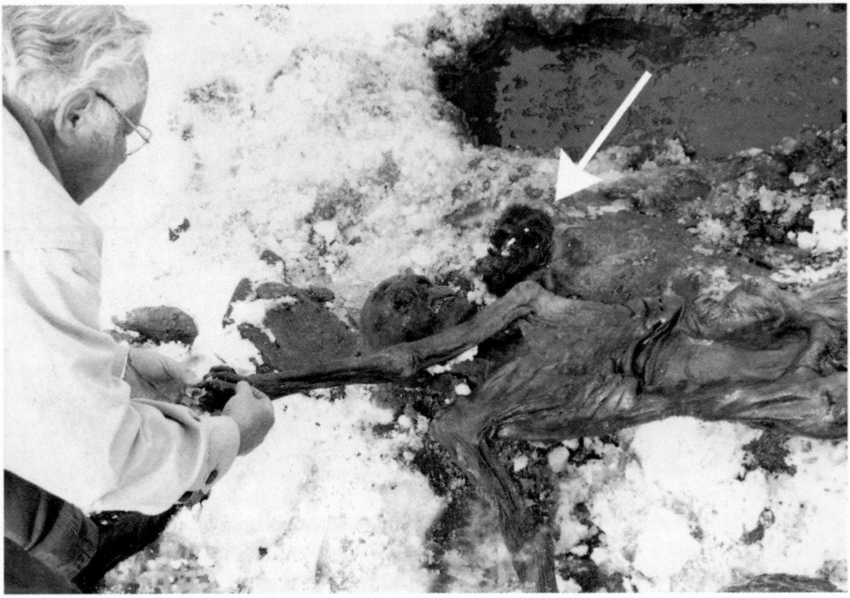

Zwei wichtige Fragen – und ein wichtiges Detail: Warum liegt das Grasgeflecht (Pfeil), in dem sich Menschenhaare finden, neben dem Kopf des Toten? Warum war der Tote schon vor der Bergung enthaart?

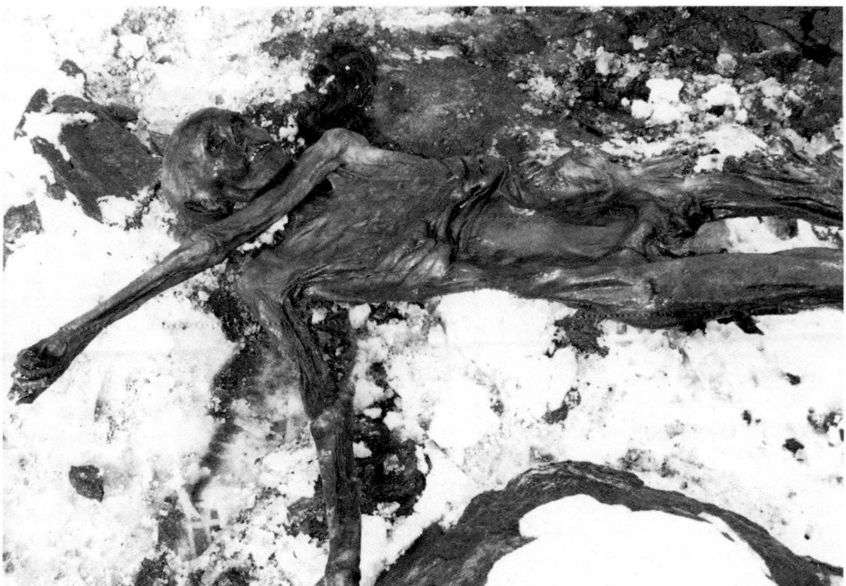

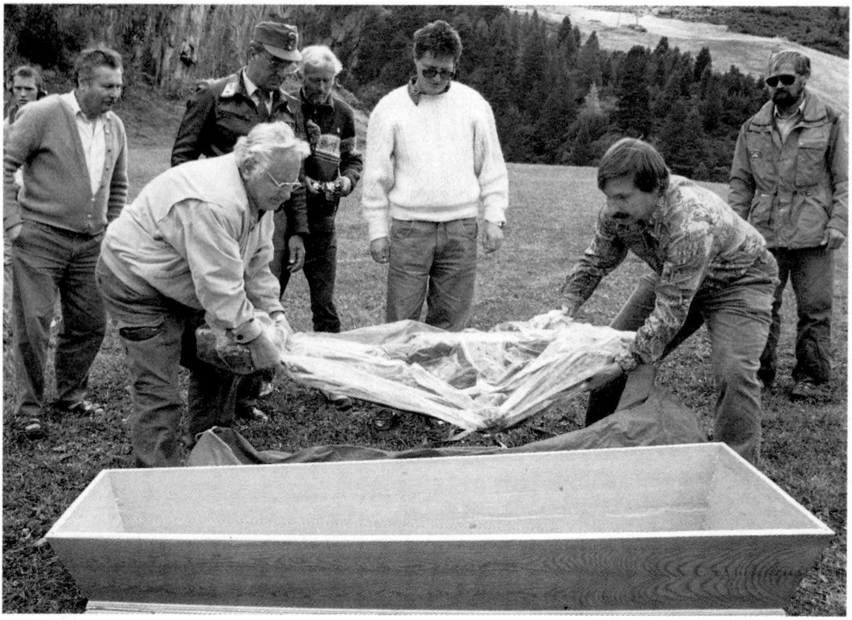

Von Vent im Ötztal auf dem vorerst letzten Weg – nach Innsbruck, in die Pathologie. Weil der Tote Eigentum der Autonomen Provinz Südtirol ist, soll er nach den Untersuchungen nach Bozen überführt werden.

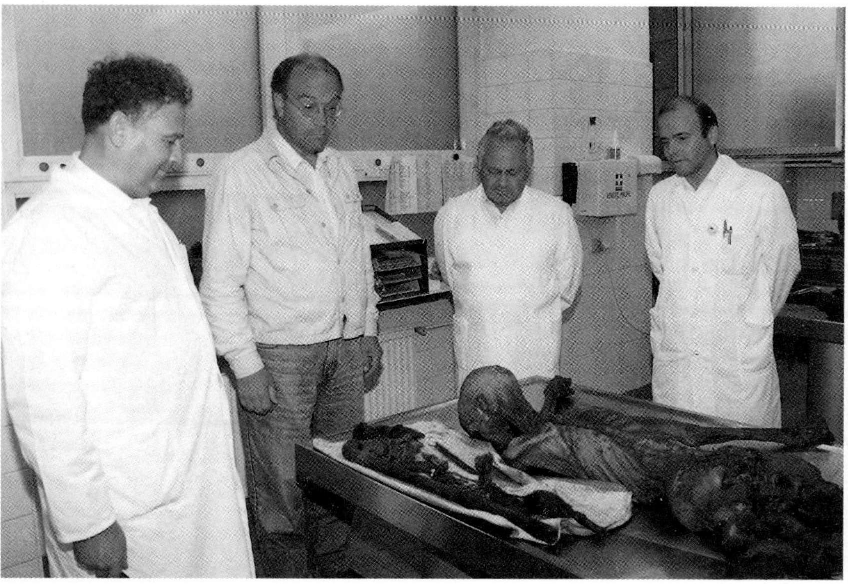

Der Archäologe Professor Spindler (zweiter von links) und die Gerichtsmediziner Hofrat Dr. Unterdorfer (erster von links) und Chefpathologe Professor Henn (dritter von links) vor der mumifizierten Leiche.

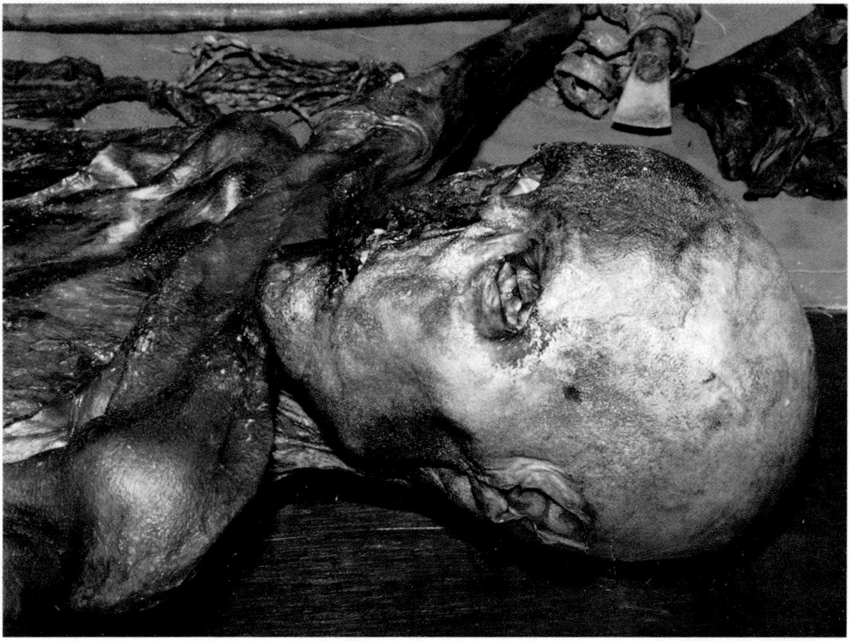

In der Geschichte der Alpen gibt es keinen Toten, der so lederartig mumifiziert aus einem Gletscher hervorging, wie es bei «Ötzi», dem «Mann im Eis» der Fall gewesen sein soll.

So sehen Tote aus dem Eis aus: Ein Gletschertoter in der Innsbrucker Universität. Im Gletscher wandelt sich Körperfett in Leichenwachs um, die Toten gleichen Styropor-Puppen. Und die Scherkräfte des Eises sind gewaltig: Diesem Toten wurde der Unterleib weggerissen.

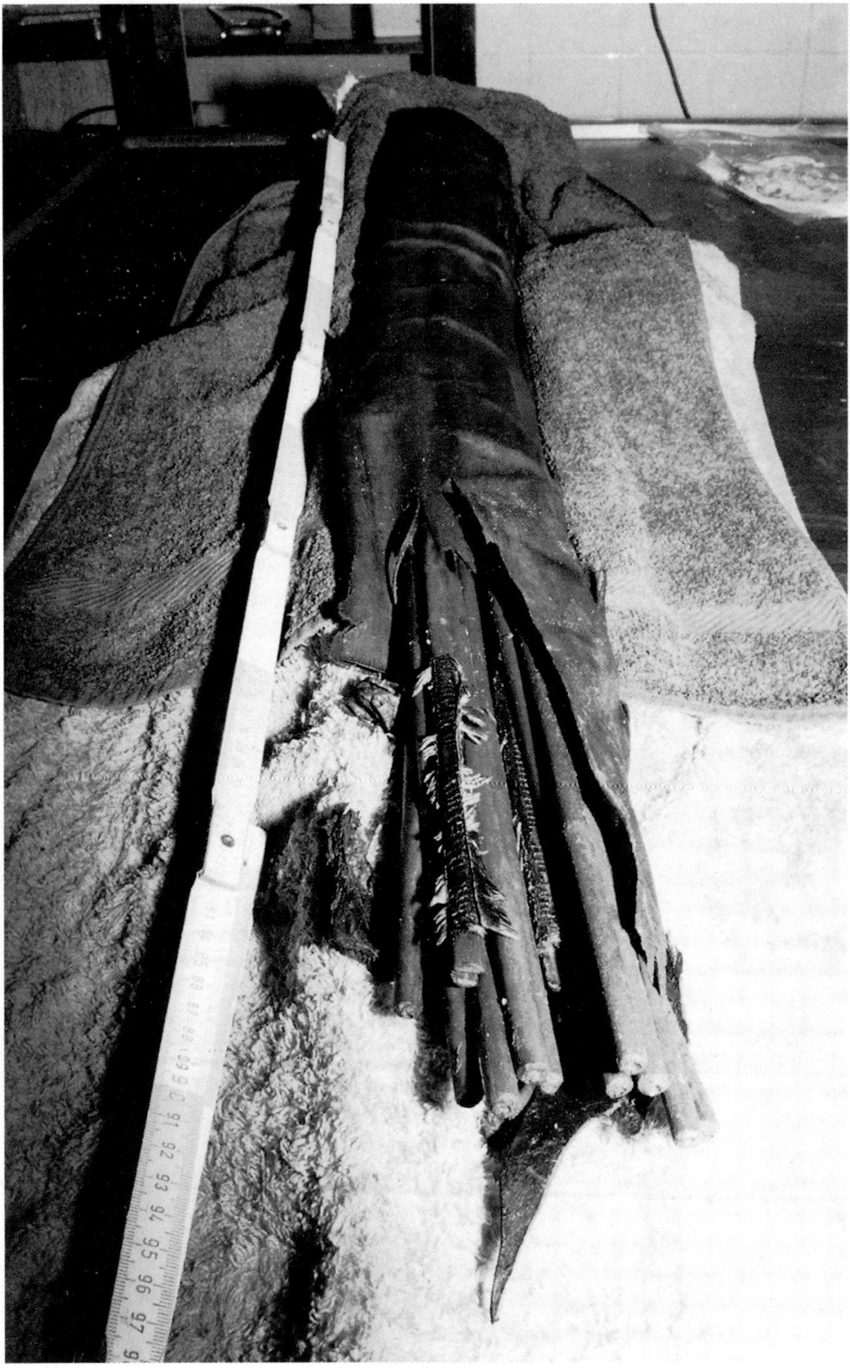

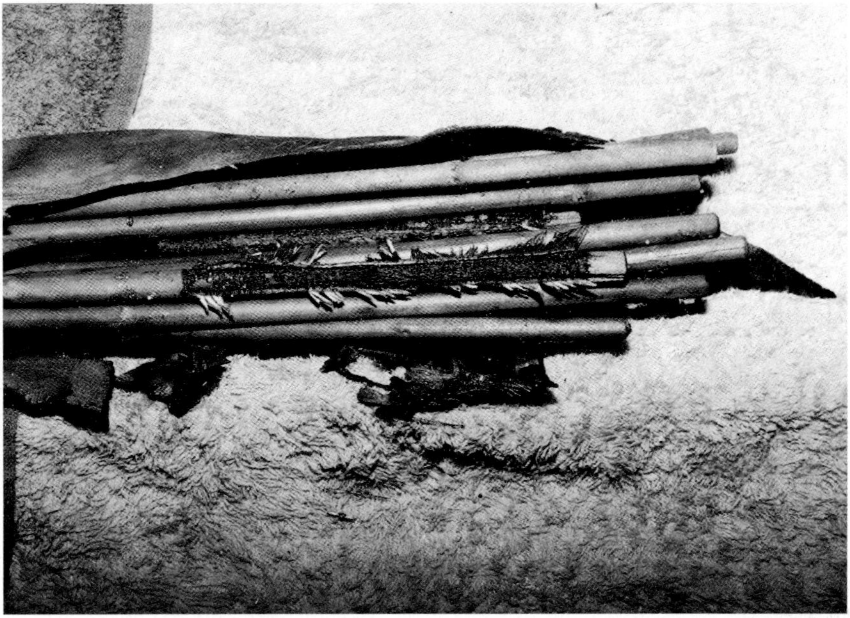

Der Köcher vom Hauslabjoch – nur: Warum schleppt ein Jäger vierzehn Pfeile, von denen nur zwei gefiedert und schußfertig sind, durch die Alpen?

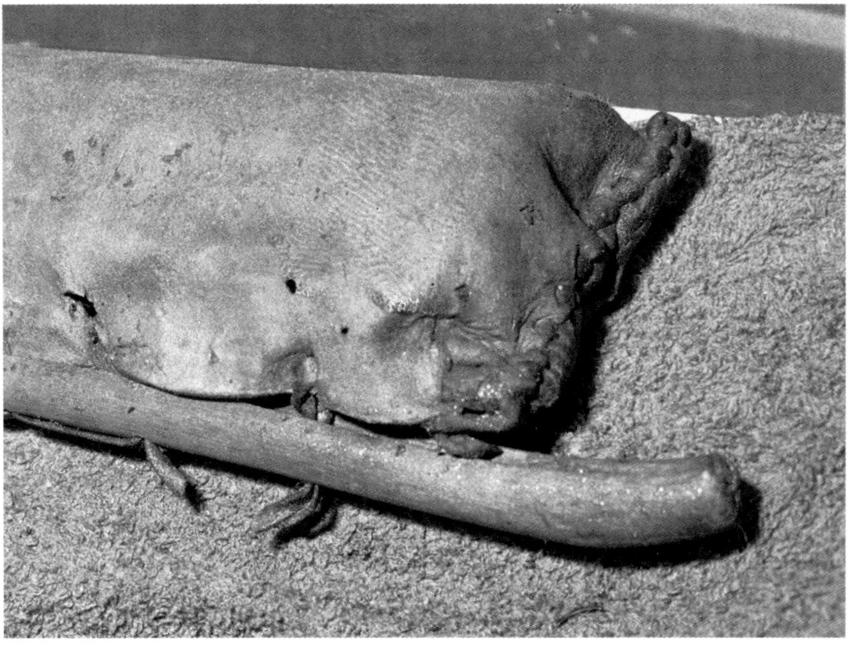

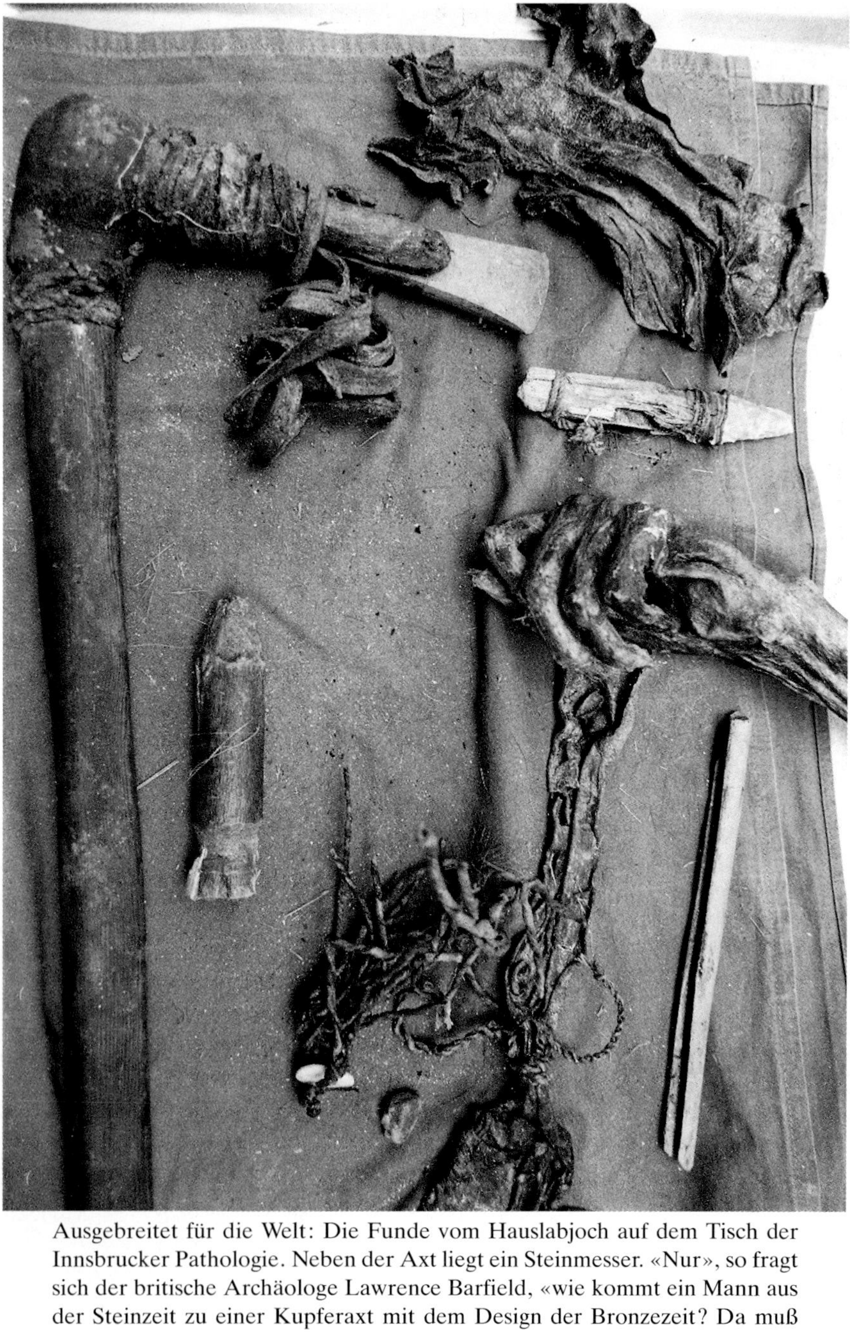

Ausgebreitet für die Welt: Die Funde vom Hauslabjoch auf dem Tisch der Innsbrucker Pathologie. Neben der Axt liegt ein Steinmesser. «Nur», so fragt sich der britische Archäologe Lawrence Barfield, «wie kommt ein Mann aus der Steinzeit zu einer Kupferaxt mit dem Design der Bronzezeit? Da muß jemand versucht haben, den Prähistorikern das Staunen beizubringen.»

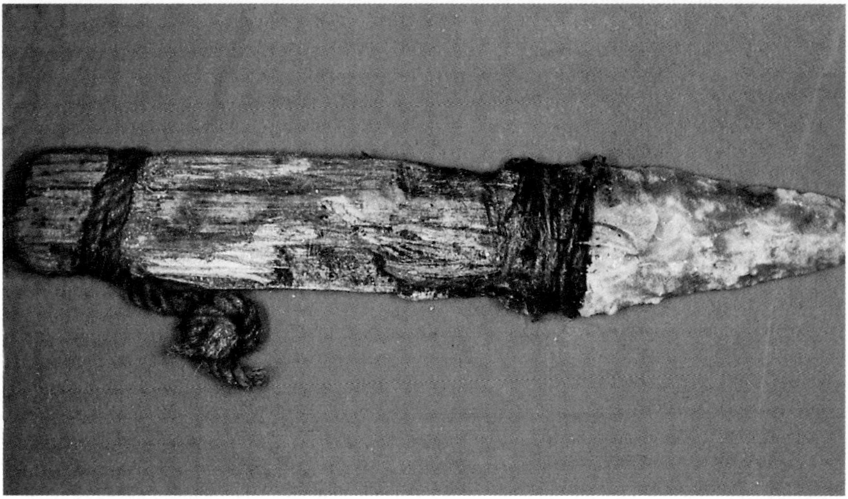

Aus Eschenholz und Feuerstein: Der Mini-Dolch des Toten vom Hauslabjoch, von Mythologen als Beschneidungsmesser eines Schamanen gedeutet. Eine Altersbestimmung des Holzgriffes durch die C-14-Methode unterblieb.

Tonnenschwere Gletscherkräfte sollen die Axt nach 5300 Jahren im Eis kaum entblättert haben: Die Lederverschnürung ist weitgehend intakt. Und die Kupferklinge weist, obwohl mit Luft in Berührung, nur eine leichte Patinaschicht auf, was allen Erfahrungen mit antiken Metallfunden widerspricht.

Zwei Bilder voller Rätsel: Aus der Axt, die mit dem Hubschrauber zur nächsten Gendarmeriestation nach Sölden und dann mit dem «Gletschermann» im Leichenwagen nach Innsbruck gebracht wurde, rieselt in der Pathologie auf einmal Sand (Pfeil). Sand, den vorher niemand bemerkt hatte und nach dessen Herkunft – läßt er sich mineralogisch dem Alpenraum zuordnen? – bisher niemand gefragt hat. Der durchlochte, mit Lederschnüren durchzogene Stein, der bei dem Toten gefunden wurde, könnte ein Amulett sein, was den Vermutungen Auftrieb gibt: Der Mann vom Hauslabjoch war Schamane, er kam aus einem fremden Land und ist kein Homo tirolensis.

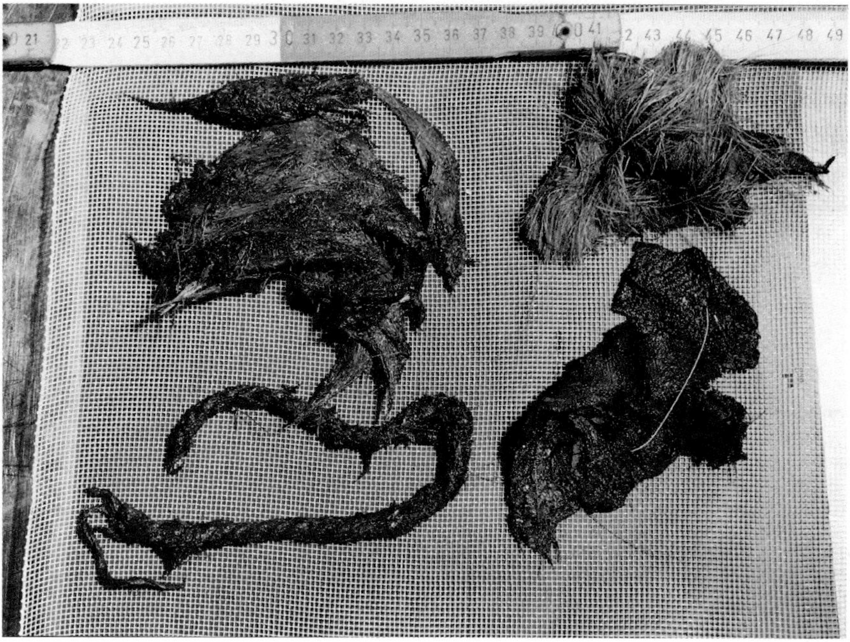

Wer hat die Kleidung zerfetzt? Der Gletscher, der den Körper unversehrt ließ, oder der Mann selbst – im Wahn des bevorstehenden Kältetodes?

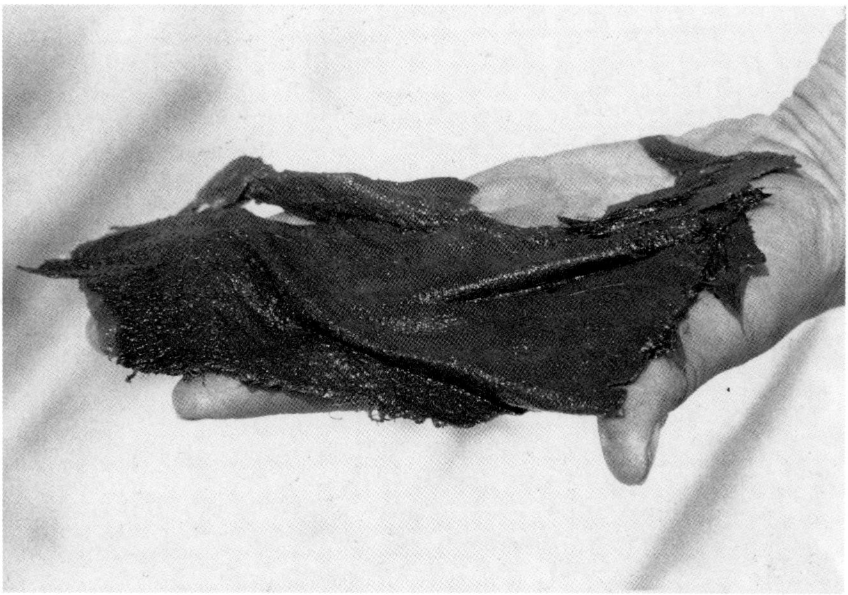

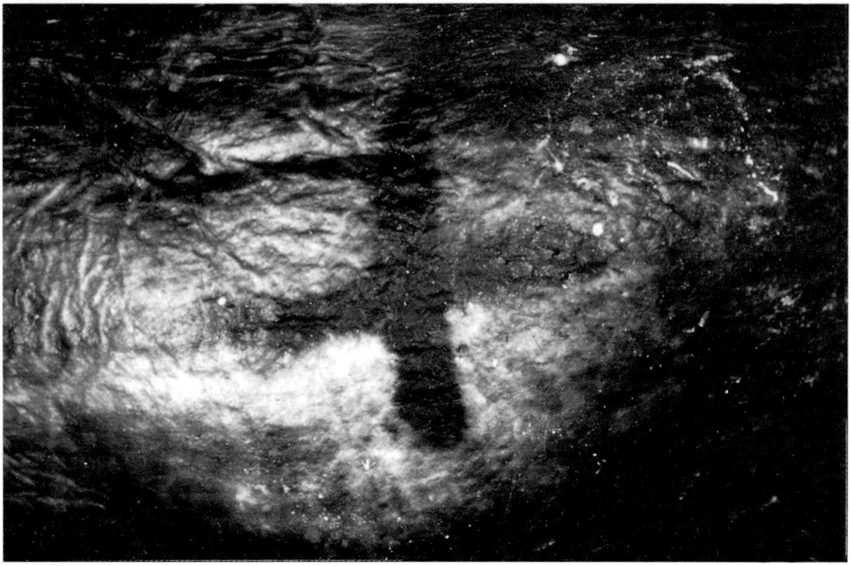

Der Tote vom Hauslabjoch trägt am Rücken und am rechten Fuß Tätowierungen, die aus Parallelstrichen bestehen, am linken Knie findet sich ein aus unregelmäßigen Balken gebildetes Kreuz (oben). Diese Tätowierungen sind kein Ornament. Der Versuch, diese Zeichenfolge zu dechiffrieren, um vielleicht eine Antwort auf die Frage nach der Herkunft zu finden, unterblieb bislang.

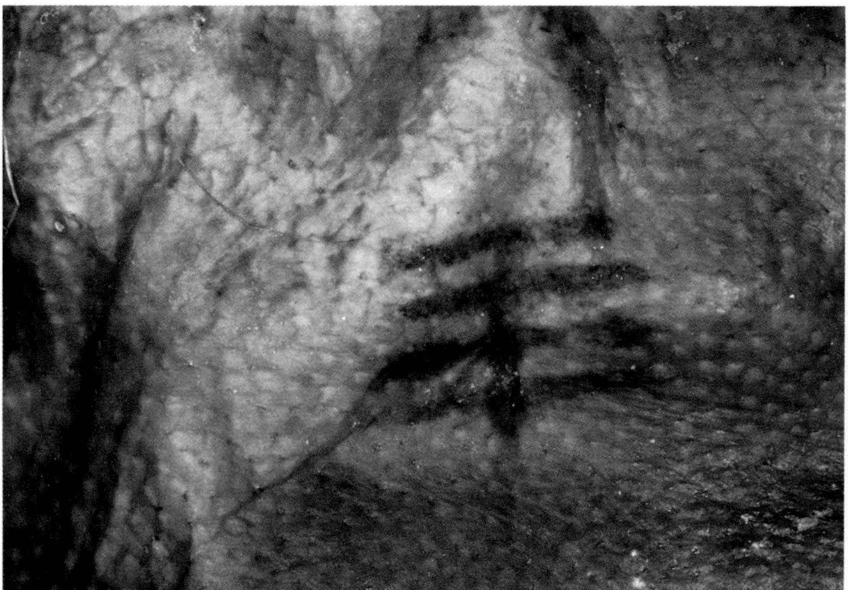

Die Hexe und der «Gletschermann» – die Parallelen verblüffen: Es gibt nicht nur den Drudenfuß, den magisch-mystischen fünfzackigen Stern im Hexenkult, sondern auch Parallel-Anordnungen von Strichen, wie sie die Frau im sogenannten «Hexenzimmer» des Wittelsbacher Ringbergschlosses in Oberbayern trägt. Die Male an Oberarm und Unterschenkel verrieten sie, wenn sie vom nächtlichen Satansritt zurückkehrten, sagt die Überlieferung. Hexenkult ist nicht allein germanischen Ursprungs, seine Wurzeln führen in den Vorderen Orient, in die Überlieferung von Lilith, Adams erster Frau. Lilith wurde wegen Ungehorsams von Jahwe dem Satan überantwortet und in ein Nachtgespenst verwandelt. Ein Vergleich der Zeichen von Hexe und «Gletschermann» könnte in ein fernes, fremdes Land führen.

Mumien / Mumia, Pissasphaltus.

Menschenmumien / Mumia sepulchrorum. Cap. 35.

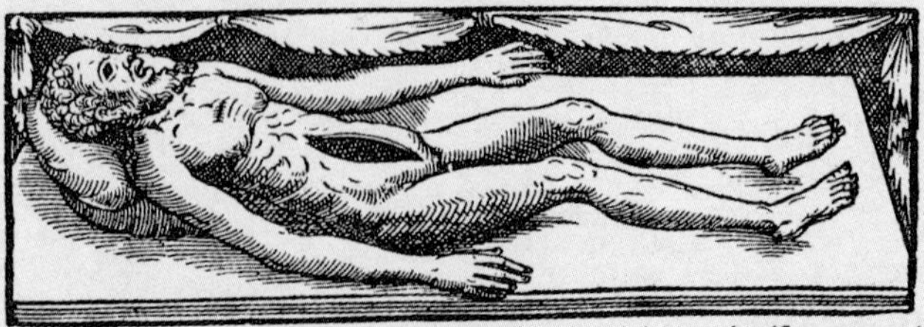

Mumia ist ein Persier Wort / und wird von den Arabibus auch also genannt / ist ein Bech / so zur Bechung oder Balsamierung der todten Menschen Cörper gebrauchet worden.

Hat

Von Gummi und gehärteten Säfften.

Krafft und Wirckung.

Die Krafft und Wirckung der Mumien / wird von den Arabern gar hoch gerühmet und gepreiset. Avicenna sagt in Medicinis cordialibus, tract. 2. daß die Mumia warm sey in dem Ende deß andern Grads / und trocken im ersten / und hab ein sonderliche Eigenschafft die lebhaffte Geister deß Menschen zu stärcken. Rhases und Serapion schreiben ihr folgende Tugend zu / Nemlich daß sie das Hauptweh / so von Kälte komm / erstille / deßgleichen das halbe Hauptwehe / Hemicrania genennet / mit Majoranenwasser in die Nasen gethan. Diene auch also für die Lähme / Vertruckung deß Mundes / fallende Sucht und Schwindel.

Hauptweh. Lähme. Fallende Sucht. Schwindel. Ohrenweh. Halßweh.

Mit gelb Violenöhl / oder Bilsenöhl / eines Gerstenkorn schwer in die Ohren gelassen / vertreibts derselben Wehthum.

Heilet das Halßweh vier Gerstenkörner schwer in Sedeneywasser zertrieben / und den Halß warm damit gegurgelt.

Einen Tranck gesotten von Gersten / Sebesten / Jujube Beerlin / und Mumia darunter gemischet / und drey Tage nacheinander getruncken / stillet den langwirigen Husten.

Item das Hertzwehe und Klopffen / vier Gerstenkörner schwer / mit Balsamwasser getruncken.

Leget die Blähung der Winde deß Magens und der Gedärme / mit gesottenem Wasser von Kümmel und Amey vermischt.

Husten. Hertzklopffen. Magenbläste. Todte Geburt. Schlicken.

Und wenn man recht von solcher Menschenmumia reden will / hat man es wol zu bedencken / ob solche Mumia oder verstorbenen todten Cörper / in den Leib inwendig zu gebrauchen und einzunemmen / mehr schaden als Nutzen dem Leib solte zufügen: Als nemlich / dieweil alle solche todten Leibe / sie seyen gleich von grossen Herren oder armen Leuten / mit den köstlichen Specereyen / oder mit dem Pissasphalto, das ist / mit dem gemeinen Erdwachs außgefullet / vorhin Kranck gewesen / und darnach durch die Kranckheit ein cadaverosum Corpus, das ist / ein faules stinckendes gifftiges Fleisch worden / und also was Feuchtigkeit darinnen noch vorhanden / ein verderbte gifftige getödte Materia / und in sich selbst nichts gutes ist.

So man aber wolte zum Gebrauch der Artzney ein rechte Menschenmumien haben / so man einen geraden / gesunden / wolgestalten Menschen / welcher seiner Missethat halben / zum Tod ohne das verurtheilt were / nemmen / solchen mit Myrrhen / Saffran / Aloe und anderen Specereyen wurtzen und außfüllen / und sich zu bequemer Zeit durcheinander digerieren lassen. Solche würde ein rechte und tügliche Menschenmumien werden.

Hauptweh. Halßgeschwer. Miltzsücht. Gifft. Scorpion Stich. Blutstillen. Bauchflüsse. Blasen. Nieren. Harn. Mutter.

Bezoar /

Mumien wurden aus Ägypten über Venedig in deutsche Apotheken geschmuggelt, wo man sie – Auszug aus einem Pharmaziebuch aus dem 17. Jahrhundert – zu einem Allheilmittel zermahlte, zum Wunderpulver «Mumia vera aegyptica».

Innsbrucker PR-Agentur «Ethik & Kommunikation» an der Nachgrabungsstätte Hauslabjoch angesetzte internationale Pressekonferenz, 17. August 1992, mit einer zur selben Zeit angesetzten Pressekonferenz im italienischen Schnalstal und blamiert die Nordtiroler, deren Pressegäste grenzenlos verärgert am Hauslabjoch herumstehen. Die Nachgrabungen der Österreicher am Hauslabjoch im August 1992 werden von Provinz-Beauftragten, Carabinieri und Beamten der italienischen Finanzbehörde überwacht. Die Österreicher, unter Leitung des Wiener Archäologen Professor Lippert, arbeiten wie besessen. Sie schaufeln unter den Augen der Carabinieri etwa sechshundert Kubikmeter Schnee um, bis sie einen Fingernagel finden, der dem «Gletschermann» zugeordnet wird, sie setzen Dampfstrahler ein, filtrieren das Schmelzwasser – und legen ein Fellgebilde mit Kinnriemen frei, das je nach archäologischer Vorstellungskraft als Mütze des «Gletschermannes» oder als Ohrenschützer definiert wird. Ein Beobachter der Szenerie: «Es war schon komisch, dieser Fund macht die Österreicher augenblicklich happy, sie legen eine Grabungspause ein und relaxen und übersehen dabei, daß die Carabinieri diesen Fund an sich nehmen und mit ihm im Hubschrauber nach Bozen abhauen.» Von diesem Tag an gibt es, so schmerzlich das Vorenthalten des Artefakts für die Leopold-Franzens-Universität auch sein mag, eine völkerverbindende europäisch-archäologische Süd-Nord-Achse: Die Ohrenschützer liegen in Bozen, der Tote liegt in Innsbruck, und alle anderen Beigaben aus dem Füllhorn der Geschichte sind in Mainz. Der «Gletschermann» hat zwar Tirol endgültig geteilt, aber er führt Europa zusammen.

Die Landesuniversität Innsbruck selbst, die akademische Klammer für Alttirol (das auch Vorarlberg umfaßte), läuft im Sog der «Ötzi»-Geschichte Gefahr, diese Klammerfunktion zu verlieren. Der Homo tirolensis, der nun ein Südtiroler ist, hat die autonomen Geister bestärkt. In Südtirol mehren sich seit dem Sommer 1992 die Stimmen, die eine eigene Universität fordern, nach den Vorstellungen des Landesrates (Ministers) für Kultur, Bruno Hosp, mit einer Pädagogischen Hochschule in Brixen und einer Ökonomischen Fachhochschule in Bozen. Der Chefredakteur der «Dolomiten» fragte die dreitausend Südtiroler Studenten in Nordtirol bereits, ob sie nicht bald das Lied anstimmen wollten: «Innsbruck, ich muß dich lassen».

Vielleicht fiele ihnen der Abschied gar nicht so schwer. Denn das, was unter der Ägide einer Landesuniversität rund um den «Gletschermann» geschieht, ist einfach haarsträubend.

Das Haar stellt alles auf den Kopf oder Der schizophrene Gletscher

Es existieren zwei Fotografien, mit denen sich die Groteske aus den Ötztaler Alpen entlarven läßt – als eben dies: als eine Abfolge von Fälschungen, als Arrangement zum Entzücken der Urgeschichtler und zur Verblüffung der Menschheit. Doch sei zu Beginn dieses Kapitels noch einmal betont: Nicht der Tote wurde in sich oder an sich gefälscht, man kann eine Mumie nicht fälschen. Die in Oxford und Zürich vorgenommenen Radiokarbondatierungen der Körpergewebeproben des Toten weisen ein Alter von 5300 Jahren aus und erheben den Homo tirolensis damit zur wahrscheinlich ältesten Mumie der Welt. Von diesem Alter gehen wir – trotz einiger Ungereimtheiten in der Datierungsgeschichte, über die noch zu sprechen sein wird – einfach aus: Alter des Toten 5300 Jahre. Immerhin zählen die mit den Messungen beauftragten Institute in Zürich und Oxford zu den angesehensten C-14-Adressen in Europa.

Dem Blick aus einem Hubschrauber über dem

Fundort am Hauslabjoch bietet sich ein großartiges Panorama. Nur eines sieht man nicht: einen Gletscher, der den Toten in unseren Tagen hätte freigeben können. Und es hätte in unseren Tagen sein müssen, weil sich Gletscher nicht blitzartig zurückziehen, sondern nur um Meter pro Jahr. Das Fundjahr 1991 war ein extremes Jahr, Saharastaub ging auf den Gletschern nieder, die Sandkörner absorbierten Sonnenenergie und beschleunigten den Abschmelzungsprozeß in den Tiroler Alpen, aber der Rückzug der Tiroler Gletscher beschränkte sich selbst in diesem Jahr, nach dem statistischen Mittelwert aus 140 Meßstationen, trotzdem auf 5,7 Meter. Das Schweizer Beobachtungszentrum des «World Glacier Monitoring Service» (Umweltprogramm der Vereinten Nationen) ermittelte für 27 Schweizer Gletscher: Im Zeitraum von 1980 bis 1990 jährlicher Rückgang im Schnitt 3,53 Längenmeter, also Abschmelzen der Gletscherzunge, 4,67 Meter im Jahre 1990, und im «Jahr des Gletschermannes», 1991, das ja auch die Schweiz nicht mit Saharastaub verschonte, waren es 5,21 Meter. Wenn also am Hauslabjoch auf Hunderte von Metern weit und breit rund um den Fundort kein Eis zu sehen ist – und das belegen viele andere Bilder: Das Gelände ist ausgeapert, die Felsblöcke tragen nur Schneehäubchen –, dann hätte der Tote über Jahre hinweg im Freien gelegen haben müssen. Er wäre vermodert, von Raubwild, Krähen und Dohlen angefressen worden, und seine Ausrüstung wäre verwittert. Wenn es am Hauslabjoch im Fundjahr einen meterweise weichenden Gletscher gegeben hätte, dann hätten ORF und der Wiener Ueberreuther-Verlag in der gemeinsamen Buchdokumentation «Der Zeuge aus dem Gletscher» nicht zu einer Bildmontage greifen müssen. Sie beschaffen sich, mangels Hauslabjoch-Gletschers, das Bild eines ganz anderen Gletschers, möglicherweise handelt es sich um den benachbarten Niederjochferner, und montierten für den Schutzumschlag das Bild des «Ötzi-Zeugen» vom Hauslabjoch auf das weit hergeholte Bild. Es ist ganz simpel, aber um es noch einmal festzuhalten: Man verkauft der Welt einen Gletschertoten, ohne einen dazugehörigen Gletscher vorweisen zu können. «Der Mann im Eis» (Universität Innsbruck), «Der Zeuge aus dem Eis» (ORF/Ueberreuther), «The Iceman» (Time) ist ein Witz, ein glaziologisches Phantom, eine tiefgefrorene Nessie aus dem Winterloch. So viel zur Außenansicht eines Gletschers, den es tatsächlich einmal am Hauslabjoch gab (rudimentär noch zur Zeit der Grenzvermessung nach dem Ersten Weltkrieg), der sich aber dann in den Jahrzehnten vom Hauslabjoch verabschiedet hatte und bestenfalls eine Eislinse am Fundort als Kühlbox hinterließ.

Die beiden Fotos betreffen das Innenleben eines Gletschers, der den Toten seit 5300 Jahren eingeschlossen und ihn aus einem Schnee/Eis-Rest ausgerechnet am 19. September 1991, als sich das Nürnberger Ehepaar Simon verirrte, freigegeben haben soll. Beide Bilder interessieren im Zusammenhang die Mechanik eines Gletschers, nämlich das statische Gewicht, die Fließbewegungen und die tonnenschweren Scherkräfte des Eises; auf den Chemismus, den ein Körper im Eis durchläuft, kommen wir im Kapitel «Der Wind, der Wind – das Nonsens-Kind» noch zurück. Gehen wir einmal davon aus, daß es diesen ominösen Gletscher doch gegeben hat und daß der neolithische Wandersmann 5300 Jahre in ihm aufbewahrt wurde – bis zu jener Woche, da Reinhold Messner, zwei Tage nach dem Finder Helmut Simon, zum längst geplanten Treffpunkt Similaunhütte kam.

Bild eins (Bildtafel 2) wurde am Freitag, dem 20. September 1991, vom österreichischen Gendarmeriebeamten Koler aufgenommen. Motiv: die an den Felsen gelehnte Ausrüstung des Toten – Bogen, Axt und Kraxe. Bild zwei (Bildtafel 5, oben) wurde am Montag, dem 23. September 1991, vom Piloten des Bergungshubschraubers aufgenommen: Neben dem Kopf des Toten liegt eine Art Vlies, nach späteren Untersuchungen ein verzwirntes Gemenge aus Gräsern und Haaren.

Das von Koler aufgenommene Foto der Fundgegenstände am Felsen wurde vom österreichischen Bundesinnenminister Franz Löschach durch Anweisung an das Landes-Gendarmeriekommando Tirol, Major Meyerl, zur Verschlußsache erhoben und nur einmal für die Universität Innsbruck freigegeben. Wir können es trotzdem veröffentlichen: Ein Tiroler Heimatforscher half uns durch Weitergabe eines Abzuges, weil er sich nicht vorstellen konnte, daß das Bundesinnenministerium oben am Hauslabjoch ein geheimes

Nuklearlabor des österreichischen Bundesheeres oder andere Mysterien abschirmen müßte. Diese drei Bilder, die Videoaufnahme aus dem Hubschrauber und die beiden Fotos, sind in der Zusammenschau das Zeugnis allergrößter und bislang vom Wissenschaftsapparat verdrängter Unwahrscheinlichkeiten. Wenn sie nicht zusammenpassen, ist die Fälschung der Fundumstände und der Artefakte erwiesen. Wenn sie zusammenpassen, wäre ein nicht mehr vorhandener Gletscher in sich horizontal gespalten gewesen: Er hätte an der Fundstelle unter sich selbst hindurchfließen müssen, um den Toten zu enthaaren – denn eine andere Erklärung für den völlig haarlosen Toten bieten die archäologischen Koryphäen nicht an. Doch er hätte an der gleichen Stelle in seinem oberen Bereich nicht fließen dürfen, weil er sonst die oberhalb des Toten an den Felsen gelehnten Fundgegenstände, Bogen, Axt und Kraxe, irgendwann einmal in fünf Jahrtausenden des Gletschergehens und des Gletscherkommens umgeworfen hätte. Die Bilder passen nicht zusammen. Die Umstände des Fundes waren leichtfertig arrangiert.

Die Mechanik eines Gletschers ist nicht kompliziert: Er rückt vor, wenn der «Nährer», der obere Teil des Gletschers, wo sich Schnee zu Eis verfestigt, schneller wächst als der «Zehrer», der untere Teil des Gletschers, wo das Eis abschmilzt. Und in jedem Fall fließt das Eis, auch wenn es nur dreißig Zentimeter pro Tag sind, und es fließt mit einer grauenhaften Mechanik.

«Prinzipiell», so die Glaziologin Almut Ihen von der TH Zürich, «sind Verweilzeiten in einem Gletscher von mehreren tausend Jahren durchaus denkbar; jedenfalls dann, wenn der Gletscher nicht über ein Bett gleitet und der Eistransport nur durch langsames Fließen des Eises stattfindet. Die Verweilzeit hängt wesentlich von Eingangsort (also der Lage der Spalte, in die jemand hineinfällt) ab: Entlang der Fließlinie AA' sind die Geschwindigkeiten erheblich langsamer und der Weg länger als entlang der Fließlinie BB'.»

Daß durch die Felswand des Fundortes irgendwann einmal ein Gletscher geflossen ist, bleibt wahrscheinlich. Die vier Meter breite Öffnung im oberen Teil

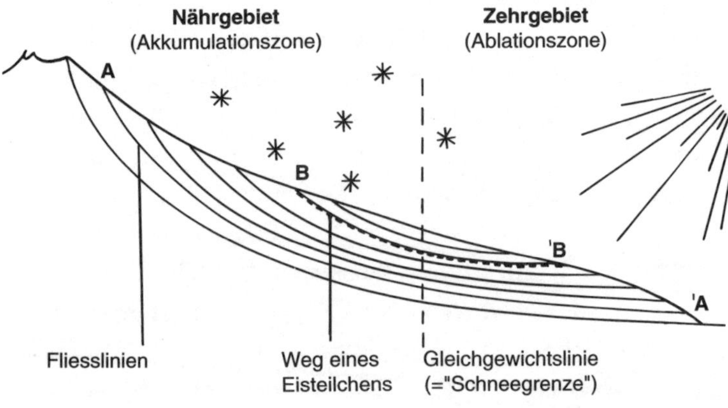

Schema eines Gletscherlängsschnittes mit Fließlinien (ein z. B. bei A abgelagerter Eiskristall/Schneeflocke gelangt bei A' wieder an die Oberfläche)

der Wanne macht das Eindringen des Gletschers plausibel. Allerdings kann derselbe Gletscher dann nicht, wie später von Professor Spindler behauptet wird, über die Felswanne hinweggewandert sein – unter Hinterlassung eines unbeschädigten Toten.

Wenn Eis über einen Felsrücken fließt, öffnen sich nach oben V-Spalten (wegen der sich dann ergebenden Längendifferenz zwischen Oberseite und Unterseite, vergleichbar dem Auftrieb einer Tragfläche), beim Durchfließen von Senken öffnen sich nach unten A-Spalten, das Eis führt Geröll mit sich, das zur Gletschersohle hinabsinkt und wie eine mörderische Steinmühle arbeitet. Jeder Körper und Gegenstand im Gletscher wird schon durch die dort wirksamen Riesenkräfte deformiert. Bei Chamonix sind die Skier eines Gletschertoten zu sehen, die das Eis auf die Größe eines Schuhkartons zusammengepreßt hat, bei Chamonix wurde auch ein Toter gefunden, den der Gletscher auf drei Meter Länge gestreckt hatte. Die Überreste eines Toten, den die Gletscherzunge eines Ferners in der Schweiz im Herbst 1992 freigab, waren im Umkreis von dreißig Metern verstreut. Einem Gletschertoten, der als stummer Nachbar des «Ötzi» in der Pathologie der Innsbrucker Universität liegt, einer weißlich-aufgequollenen Puppe, wurde der Unterleib weggerissen. Aber der «Gletschermann» vom Hauslabjoch, der während aller glazialen Schwankungen in fünftausend Jahren mindestens einmal ausgeapert gewesen sein müßte, um dann wieder vom Eis umfangen zu werden, dieser «Gletschermann» soll dies alles mit unversehrten Augäpfeln und leicht deformierten Ohrläppchen überstanden haben, der Gletscher brach ihm nicht einmal den kleinen Finger der geöffneten Hand! Daß die Gräser des Heuschuhes vom linken Fuß nach 5300 Jahren im Eis, einem Druck von vielen Tonnen und dann dem Schmelzwasser ausgesetzt, in unzerstörten, gekräuselten Strukturen wieder ans Licht kommen, als hätte man sie von einem Perückenständer gehoben oder geföhnt, ist vollends unwahrscheinlich. Und weil es so unwahrscheinlich ist, steht für die Autoren mit allergrößter Sicherheit fest, daß «Ötzi» samt Gerätschaft am Hauslabjoch deponiert wurde...

An der Fundstätte hingen der Hauslabjochferner und der Similaunferner noch vor wenigen Jahrhunderten zusammen, bevor die Rinne, in der der Tote angeblich vom Eis eingeschlossen war, allmählich ausaperte. Um das Jahr 1890 war der Gletscher nach den Angaben des Kartographischen Instituts der Technischen Universität München (Professor Finstgerwalder) – Gletschermessungen gibt es seit einhundertfünfzig Jahren – noch vierzehn bis zwanzig Meter stark, was bei einem spezifischen Gewicht von 0,5 (Eis und Sulzschnee) selbst im besten anzunehmenden Fall – das Eis fließt nicht, die Scherkräfte bleiben aus – einem Dauerdruck von sieben bis zehn Tonnen pro Quadratmeter entspricht, der auf dem Toten mit den unversehrten Ohrläppchen gelastet haben müßte. Die These, daß der «Mann aus dem Eis» kam – mit aufgerichteten Ohren, ohne einen Abdruck der Grasmatte, auf der sein Kopf ruhte, im Gesicht, ohne Blessuren durch Gletscherdruck (nur die Nase ist eingedrückt) –, diese These ist so absurd, daß ihre Verfechter die Lehrbücher der Glaziologie und der Mechanik umschreiben müßten. Es sei denn, sie fänden einen weiteren neolithischen Tiroler, der den gewaltigen Kräften des Gletschers über Jahrtausende trotzen konnte.

Wir kommen damit ausführlicher zur «postmortalen Enthaarung» des Toten. «Ötzi» habe vor einem Felsblock in einem toten Winkel gelegen, sagt Spindler, in einer fünf Meter tiefen Kuhle, das Eis sei jahrtausendelang über ihn hinweggeflossen und habe den Toten somit nicht deformieren können. Dem widerspricht ganz einfach die Topographie des Fundortes. Es widersprechen auch die Bilder von der Bergung: Der Tote lag in einer etwa dreißig Meter langen schiffsrumpfartigen Felsrinne, die sich am Hauslabjoch nach Norden zieht, etwa fünf Meter breit und zwei bis zweieinhalb Meter eingetieft, wobei die Enden leicht nach oben ansteigen: eine Geländeformation, die dem Fluß des Eises keinen Widerstand entgegensetzen kann und die wahrscheinlich gerade in dieser Form erst vom mächtig dahinfließenden Gletscher geformt wurde.

Nehmen wir aber doch mal die Innsbrucker «Ötzi»-These als gegeben hin: Der «Gletschermann» verfällt vor 5300 Jahren in Erwartung des Kältetodes in Wahnvorstellungen, er entkleidet sich, wie es bei Bergsteigern in ähnlicher Notlage mitunter der Fall gewesen sein soll. Er zerfetzt seine Kleidung (wenn er es nicht war, müßte der Gletscher die Kleidung zerfetzt haben), er behält aber seinen linken heugefüllten Schuh am Fuß, er lehnt Bogen, Axt und Kraxe an den Felsen über seinem Sterbeort, er klatscht eine Art Matte aus Gräsern und Haaren an den Felsen und wirft seine anderen Ausrüstungsgegenstände, den Birkenrinden-Behälter beispielsweise oder den Köcher, um sich herum in den Schneeschauer. Dies alles, und der Umgang mit der Universität Innsbruck, beflügelt schon die Phantasie, wäre noch nachvollziehbar, nur eines nicht: Der «Gletschermann» kann sich nicht selbst enthaart haben. Er hat, als er im September 1991 geborgen wird, weder Haupthaar noch Augenbrauen, Barthaar, Achselhaar, Brusthaar oder Schamhaar. Er kann sich nicht jedes Haar einzeln ausgerissen und um sich herum verstreut haben. Aber in einigen vliesartigen Grasgebilden und Büscheln, die neben dem Toten liegen, findet sich dunkles, welliges Haar, zum Teil verzwirnt und verdrillt mit Gräsern und Hirsch- und Ziegenhaaren, das von einem Experten des Deutschen Bundeskriminalamtes Wiesbaden, Manfred Wittig, und von der Expertin des Deutschen Wollforschungs-Institutes Aachen, Gabriele Wortmann, in zumindest einer der von Innsbruck zugestellten Proben als Humanhaar identifiziert wird.

Es müßte also der Gletscher gewesen sein, der den «Ötzi» enthaart hat. Wenn dies durch Schiebebewegungen, also Fließen des Eises, geschah und so das Haar rund um den Toten verstreut wurde, bleibt immer noch die Frage nach der Fingerfertigkeit eines Gletschers, der erst einen Toten rasiert und dann Humanhaar mit Tierhaaren und Gräsern verdrillen und verzwirnen kann. Jene Haaranalyse, die auch unter Einschaltung der Landeskriminalämter Hannover und Mainz zustande kam und im offiziellen Forschungsbericht der Universität Innsbruck veröffentlicht wurde, ist nicht nur als Beitrag zu einer archäologischen Groteske bemerkenswert, denn die Autoren gehen ihre Arbeit ja mit aller wissenschaftlichen Ernsthaftigkeit an: Sie identifizieren in dem Haarkollektiv Deckhaare von Hirsch (Cervidae) und Ziege (Capra) und Humanhaare nach dem Stand der Technik, mit transmissionselektronenmikroskopischen Aufnahmen (TEM), nach der elektrophoretischen Fraktionierung S-carboxy-methylierter Haarproteine textilrelevanter Tierhaare, sie sichten die Schuppenzellschichten der Cuticula, sie wundern sich auch, warum der Tote aus einem hochstehenden Kulturkreis nicht die komfortablere Schafwolle bei sich trug, statt der spröden Hirsch- und Ziegenhaare (eventuell auch Gemsenhaar) – aber sie wissen überhaupt nicht, was sie untersuchen, was ihnen da zugeschickt wurde. Und es gereicht den Autoren dieser Studie zur Ehre, wenn sie zu ihrem Humanhaar-Befund feststellen: «Es sei aber ausdrücklich betont, daß bisher weder ein Authentizitätsnachweis noch eine Altersdatierung der Haarprobe vorliegt.»

Wir haben dieses Beispiel hier angeführt, weil es die von Innsbruck vorgegebenen Forschungskriterien für den europäischen «Ötzi»-Wissenschaftsverbund beleuchtet. Man schickt einfach Proben auf die Reise. Der von den Autoren der Studie vermißte Authentizitätsnachweis hätte vor Vergabe des Forschungsauftrags durch einen Vergleich der «biochemischen Fingerabdrücke» erfolgen müssen: Passen Haar und Toter genetisch zusammen? Die gehört heute zur Routine in Kriminalprozessen. Und, mittels Radiokarbon-Datierung hätte gefragt werden müssen: Ist das Haar so alt wie der Tote? Dies ist nicht geschehen, und jeder Dorffriseur, in Ischgl oder Wörgl oder Landeck, könnte ebensogut behaupten: «Die Haare kenn ich doch, die sind vom Rutzmooser Hansi.»

Die Story von der postmortalen Enthaarung ist dennoch wichtig, weil sie wieder zu der vertikal-gespaltenen Schizo-Psyche des Gletschers am Hauslabjoch führt, eine Posse der besonderen Art in der Geschichte der Glaziologie. Der Gletscher müßte sich in seinem unteren Bereich bewegt haben, anders wäre die Enthaarung des Mannes nach seinem Tod nicht erklärbar. Und auch nicht die Sache mit der rechten Hand. Der offizielle Fundbericht der Universität sagt zu einem Foto vom Samstag, es zeige «deutlich, daß die rechte Hand unter einer Steinplatte wie festgeklemmt lag». Es gibt nur zwei Möglichkeiten, und die eine ist so absurd wie die andere: Entweder hat sich der Mann zum Sterben bäuchlings hingelegt, den rechten Arm ausgestreckt. Mit dem linken Arm, der unter dem Oberkörper lag, müßte er dann nach dieser Steinplatte gegriffen haben, um sich damit die rechte Hand einzuklemmen. Wenn es nicht so war, und dies ist schon von der Armlänge her schwierig bis unmöglich, müßte fließendes Eis dem Toten die Steinplatte auf die rechte Hand geschoben haben. Und dies ist wiederum unmöglich, weil das Eisgeschiebe dann die Position der Fundgegenstände über dem Kopf des Toten verändert haben müßte. Hier paßt einfach nichts zusammen.

Der Gletscher kann sich in seinem oberen Bereich nicht bewegt haben, sonst hätte er in 5300 Jahren irgendwann einmal den über dem Kopf des Toten an den Felsen gelehnten Bogen, die Axt und die Kraxe umgestoßen. Welche Intuition mag Innenminister Franz Löschnak geleitet haben, als er das Fundbild des Gendarmeriebeamten Anton Koler zur Verschlußsache erhob – war's eine patriotische Fee, die Spott von Österreich abwenden wollte?

Dieses Foto des Anton Koler ist ein Schlüsselindiz. Der Beamte hat die drei Fundgegenstände – den Bogen, die mit der Klinge nach oben aufgestellte Axt und die Kraxe – so fotografiert, wie sie seit 5300 Jahren am Felsen gelehnt haben sollen – mit einer kleinen Ausnahme: Er verlegte die Axt, weil sie sich farblich nicht vom Hintergrund abhob, etwa dreißig Zentimeter seitlich, «das war aber auch alles». Wir vertrauen dem Wort eines Bergführers und Gendarmen.

Dieses Bild ist aus folgendem Grund wichtig: Die Fundgegenstände sind darauf über dem Kopf des Toten am Felsen gestaffelt. Die Höhendifferenz zwischen dem oberen Teil der Kraxe und dem Eis, das den

Toten bis zur Hüfte einschließt, beträgt mindestens zwei Meter. Es gäbe nun drei Parameter, mit denen man errechnen könnte, wann die Fundgegenstände ans Licht kamen: den durchschnittlichen Längenrückzug der Tiroler Gletscher in den letzten Jahren, die (geringe) Neigung des Geländes und diese zwei Meter Höhendifferenz zwischen Kraxe und dem Toten. Aber den Glaziologen, dies ergaben unsere Erkundigungen an der Technischen Universität München, ist es nicht möglich, diese Werte so zu extrapolieren, daß man sagen könnte: Ein Abschmelzen des Eises um zwei Höhenmeter hätte bei der Neigung des Geländes einen Rückzug des Gletschers um soundso viele Meter zur Folge gehabt; ein Rückzug um soundso viele Längenmeter hätte nach dem statistischen Schnitt soundso viele Jahre erfordert, also wurde die Kraxe vor soundso vielen Jahren freigelegt, dann die Axt, dann der Bogen, dann Kopf und Schultern des Toten. Diese Rechnung scheint bisher unmöglich.

Man kann allerdings seinen Augen, nämlich dem Anblick der Fundstelle, und der Überlegung vertrauen: Wenn sich ein Gletscher im Jahr um fünf oder zehn Meter zurückzieht, wird er bei dieser geringen Geländeneigung am Fundort im selben Jahr nicht um zwei Höhenmeter abschmelzen. Die Relation Gletscher – Höhenabschmelzung zu Gletscher – Längenrückzug stimmt nicht.

Wenn sie stimmte, hätte zunächst die Kraxe, dann die Axt und schließlich der Bogen der Witterung ausgesetzt sein müssen, das heißt, sie hätten riffelförmig nach unten abnehmende Verwitterungsspuren durch Sonne, Schnee und Regen zeigen müssen. Aber es gibt nicht einmal farbliche Veränderungen an den Holzteilen. Und die Kupferklinge müßte Patina aufweisen. Patina, eine grau-grüne Schicht, bildet sich sehr schnell durch Kontakt von Kupfer oder Bronze mit Bestandteilen der Luft. Zum Zeitpunkt des Todes des «Gletschermannes» und in den Wochen danach hätten – und es durchströmte angeblich genügend Luft den Schnee, der den Toten umschloß, sonst ließe sich doch die These von der Schockgefrierung der Mumie nicht halten – auf der Klinge basische Kupferkarbonate entstehen müssen (gebildet mit dem Kohlendioxid der Luft), nach dem Freischmelzen – in unseren Tagen, im Jahrzehnt des «Sauren Regens» – hätte ein Film von basischen Kupfersulfaten (aus dem Schwefeldioxid der Luft) die Kupferkarbonat-Patina überziehen müssen. Dies wäre ein sehr feinsinniger Untersuchungsansatz gewesen, zur Rekonstruktion der Fundgeschichte und auf diesem Weg möglicherweise auch zur Datierung der Klinge: So lange war sie in der weitgehend schwefeldioxidfreien Urzeit atmosphärischen Einflüssen ausgesetzt, so lange der belasteten Luft unseres Industriezeitalters. Aber das Fehlen von Patina an einem als prähistorisch eingestuften Kupfer-Artefakt stört nach 5300 Jahren weder die Archäologen in Innsbruck noch die in Mainz. Man hat es möglicherweise nicht einmal bemerkt.

Die zweite kritische Frage zielt auf die Position der Fundgegenstände am Felsen, so wie sie Koler fotografiert hatte. Warum haben nach dem Rückzug des Gletschers nicht Sturmwinde, die am Alpenhauptkamm mit einhundertzwanzig Stundenkilometern und mehr durch die Nord-Süd-Rinne am Hauslabjoch fegen, nicht zumindest das hölzerne Traggestell, die Kraxe, vom Felsen gewirbelt? Wieso lag alles so nett nebeneinander? Und kann ein Mann wie Simon, konnte seine Frau das aufwendige und auffällig plazierte Arsenal, konnten sie die goldgelb glänzende Kupferklinge vor grauer Felswand wirklich übersehen? Oder wurde zumindest die Waffe *nach* der Entdeckung der Leiche plaziert?

Der Wind, der Wind – das Nonsens-Kind

Wir hatten etwas Scheu, dieses Kapitel – es betrifft Gletscher und ihre Kunst der Leichenkonservierung – anzugehen, weil der wissenschaftliche Humbug, der hier zur Sprache gebracht werden muß, den Leser beleidigen könnte. Wir taten es dennoch, weil wir es unserer Wissenschaftsgläubigkeit schuldig sind, einmal auszuloten, wie weit die Universität Innsbruck und ein europäischer Forschungsverbund von mindestens achtzig Instituten von der Wahrheitsfindung abdriften können, wenn sich ein Archäologe der Pathologie bemächtigt und der Pathologe nicht gehört wird. Der Pathologe Henn sagte, der Tote vom Hauslabjoch sei eine Mumie, die ein «Spaßvogel» da oben deponiert habe; der Archäologe Spindler hingegen sagt, «Ötzi» sei gewissermaßen in einer Momentaufnahme des Todes durch einen Witterungsumschwung aus dem Leben gerissen worden und der Fund sei deshalb so sensationell, weil erstmals in der Geschichte der Archäologie bei einem prähistorischen Toten mit seiner

Ausrüstung keine Grabbeilagen vorhanden waren, die seine Angehörigen nach ihren Riten und ihrem Ermessen zusammengestellt hätten.

Dieser einen Einblick in das wirkliche Leben gewährende, alpine Verkehrsunfall des «Ötzi» mit seiner Ausrüstung sei wissenschaftlich in jeder Hinsicht erklärbar, sagte Professor Spindler in der Studiodiskussion des Bayerischen Fernsehens vom 12. August 1992. Er sagte in der gleichen Sendung aber auch, und zwar ohne zu erröten, das Zusammentreffen der Umstände sei noch unwahrscheinlicher als ein Lottogewinn. Es ist schon erstaunlich, daß außer den Innsbrucker Pathologen Henn und Unterdorfer niemand in diesem europäischen «Ötzi»-Erforschungskombinat der abenteuerlichen These Spindlers widerspricht:

Erstens sei der Mann von einem Kälteeinbruch überrascht worden, gestorben und von Eiswinden, die den Schnee durchdrangen, durch Schockgefrierung mumifiziert (dehydriert) worden.

Zweitens seien dann «flirrende Föhnwinde» über die Alpen gekommen, hätten den Toten freigelegt und nochmals mumifiziert, «gedörrt wie Bündner Fleisch».

Drittens sei schließlich der Gletscher gekommen, habe den Toten eingeschlossen und bis zum Jahre 1991 in einer Mulde versiegelt.

Man läuft Gefahr, angesichts dieser Thesenverquikkung die Fassung zu verlieren. Denn wenn es so gewesen wäre, hätte Gottvater oder der Baron von Münchhausen am Hauslabjoch eine Wettermaschine mit

Vorlauf – Eiswinde – und augenblicklich einschaltbarem Rücklauf – «flirrende Föhnwinde» – installiert haben müssen.

Doch diese universitäre Legende vom «Mann im Eis» läßt sich in vier Schritten ganz einfach widerlegen: *Erstens* durch den Chemismus, den ein Körper in Schnee oder Eis durchläuft (über die zerstörerischen Scherkräfte eines Gletschers, der alles unter sich zerreibt und zermalmt, wurde bereits gesprochen): Es gibt keinen Gletschertoten ohne Adipocire. Das ist Leichenwachs oder Fettwachs, ein fettig-schmieriges bis kreidiges, auch körniges Umwandlungsprodukt der Fettsubstanzen, aber auch des Muskelgewebes von Leichen, die sich längere Zeit unter Luftabschluß in feuchtem Milieu (Wasser, Lehmboden) befinden. Es entsteht, das ist in jedem medizinischen Lexikon nachzulesen, durch eine nach drei bis sechs Wochen einsetzende hydrolytische Spaltung und Verseifung von Fett und Eiweiß in gesättigte Fettsäuren und deren Kalzium- und Magnesiumsalze. Die Leichenwachsbildung verzögert den Zerfall des Körpers über längere Zeit. Und der Tote vom Hauslabjoch war nicht «verseift», obwohl er vor 5300 Jahren zwischen dem blitzartigen Wintereinbruch, der zu seinem Tod geführt haben soll, und der Ankunft der schocktrocknenden Winde am Hauslabjoch schon einmal im Schmelzwasser gelegen haben müßte (ein zweites Mal dann noch im Jahr der Bergung, 1991). Er kam als «Ledermann» ins Tal, in die Innsbrucker Pathologie; also muß er auch als «Ledermann» auf das Hauslabjoch gelangt sein, weil weder Föhn noch Gletscher zu dieser Art von Leichenkonservierung führen. Es ist auch unerklärlich, warum die Augäpfel eines Mannes, der nach letzten Verlautbarungen aus Innsbruck und Wien am Hauslabjoch möglicherweise eine Herde hütete und dann einem Kälteeinbruch zum Opfer fiel, im Schneesturm erhalten blieben. Die Augäpfel mit ihrem hohen Wassergehalt hätten bei Minus-Temperaturen zerplatzen müssen, aber sie sind da – «samt Iris und Pupille» (Spindler). Ein Arzt, Dr. Stephan Schlagintweit in Bad Wiessee, der seinen in einer Lawine tödlich verunglückten Schwager nach drei Monaten identifizieren mußte, sagt: «Das schrecklichste bei seinem Anblick war für mich – er hatte keine Augen mehr.» Der «Gletschermann» hatte sie noch, nach 5300 Jahren im Eis.

Zweitens gibt es an der Fundstelle – und wir bitten um das Verständnis des Lesers, wenn wir bei diesen Absurditäten ein wenig ausholen –, am Alpenhauptkamm, auf dem Hauslabjoch, in *diesen* 3200 Meter Höhe keine «flirrenden Föhnwinde», die den Toten zu Bündner Fleisch hätten dörren können. Es gibt, ob flirrend oder nichtflirrend, in solchen Höhen überhaupt keinen Föhn, und es hat ihn auch in der Vorzeit nicht gegeben – es sei denn, der Archäologe Spindler novelliert auch noch die Grundgesetze der Meteorologie.

Föhn – es gibt einen Nordföhn und einen Südföhn, der meteorologische Mechanismus ist gleich – beruht auf folgendem Ablauf: Aus einer Tiefebene, im Fall der «Ötzi»-Trocknung wäre es die Po-Ebene mit Höhen zwischen zwölf (Padua) und 222 Metern über NN (Mailand), bewegen sich Luftmassen Richtung Alpen-Querriegel. Sie stauen sich und werden durch die nachrückenden Luftmassen zum Alpenhauptkamm, also zur Fundstelle gehoben. Dabei kühlt sich die Luft ab, je nach Feuchtigkeitsgehalt um ein bis drei Grad pro tausend Fuß, das Minimum ist also ein Grad Temperaturverlust auf einhundert Höhenmeter. Wenn die kalten Luftmassen den Alpenhauptkamm überquert haben und wieder absinken, erwärmen sie sich wieder – das ist dann der warme Fallwind, der Föhn, der im Fall des «Ötzi» also erst jenseits der Fundstelle einsetzt – es sei denn, er wäre von skandinavischen Winden via Nordtirol getrocknet worden. Für die Produktion von Bündner Dörrfleisch – wir bitten nochmals um Verständnis für dieses makabre Nachrechnen, Spindlers Vergleich läßt uns keine andere Wahl – sind Mindesttemperaturen von sechs bis sieben Grad erforderlich. Das bedeutet, über die Höhendifferenz zurückgerechnet, daß in der Po-Ebene beim Tod des «Gletschermannes» subtropische Durchschnittstemperaturen von mindestens vierzig Grad geherrscht haben müssen – und das mindestens dreieinhalb Monate lang. Denn mindestens dreieinhalb Monate sind erforderlich, um eine fast papierblattstarke Scheibe Bündner Fleisches an der Luft zu trocknen. Welche Ausgangstemperaturen der Luftmassen in der Po-Ebene wären dann, wenn man der Innsbrucker Legende von der Schocktrocknung des Toten am Hauslabjoch durch «flirrende Föhnwinde» folgt, erforderlich gewesen, um dreieinhalb Monate lang einen ganzen Menschenkörper zu durchdringen, zu dehydrieren und zu Bündner Fleisch zu transformieren: erst die Haut, dann die Muskulatur, die Innereien, den Mageninhalt. Es ist unglaublich, für welchen Humbug, für welche Märchen aus der Wissenschaft, eine Universität ihren Namen hergibt: der Wind, der Wind – das Nonsens-Kind. Wenn das alles stimmen würde, dann hätten zum Zeitpunkt der Schocktrocknungs-Dehydration des Toten am Hauslabjoch über mindestens ein Vierteljahr klimatische Verhältnisse herrschen müssen, die Füchsen den Zugang zur Leiche ermöglicht hätten, den Bären, Wölfen und anderem Raubzeug, den Adlern, Dohlen, Geiern, den Krähen und auch den Schmeißfliegen, die ihre Eier auf dem Leichnam abgelegt hätten.

Drittens, der Leichnam und die bei ihm gefundenen Lederreste und Gräser verhalten sich, wenn sie mit Wasser in Kontakt kommen, unterschiedlich – also passen sie nicht zusammen (obwohl sie aus den gleichen biologischen Bausteinen bestehen, den Aminosäuren, aus deren Kombinationen alles menschliche, tierische und pflanzliche Leben hervorging). Das Leder etwa nahm das Schmelzwasser an der Fundstelle auf, es quoll auf zu matschigen, verformbaren Fetzen, sie liegen während der Bergung wie durchnäßtes Löschpapier am Fundort. Jedes durch Kälte oder Hitze dehydrierte organische Gewebe, sogar die gegerbten Tierfelle, nimmt wieder Wasser auf: bei

200 Grad tiefgefrorenes Filet, Strohblumen, Bündner Fleisch, luftgetrockneter, beinharter Stockfisch, den man nur mit der Säge zerlegen kann, weichen innerhalb von Minuten auf.

Der Körper des Toten hingegen weist das Wasser ab. Er ist im Schmelzwasser nicht aufgequollen, er hat keine Waschhaut, ein Foto aus der Pathologie zeigt einen abperlenden Kondenswassertropfen. Folglich muß die Körperoberfläche der Mumie eine chemische Behandlung – mit Balsam vielleicht, mit Ölen, Wachsen? All diese Fragen wurden von den Wissenschaftlern nie gestellt – absolviert haben, einen Konservierungsprozeß also, der nicht im Gletscher stattgefunden haben kann. Der Gletscher hätte ihn zum Leichenwachs Adipocire verwandelt.

Beenden wir diesen Streifzug durch ein klimatologisch-pathologisches Absurditätenkabinett mit einer Antwort des Spindler-Kollegen Dr. Leitner auf die Frage, warum der Körper des Toten eine Art Regenhaut trägt und kein Wasser aufnimmt: Die Dehydration durch Kälte und Föhnwind sei doch nicht perfekt gewesen, der in den Körperzellen verbliebene Wasseranteil weise sozusagen dem vor der Haut wartenden Außenwasser den Zugang zur Zelle ab. Deshalb habe der «Gletschermann» im Schmelzwasser nicht aufquellen können. Doch für diese patente Erklärung gibt es keinen einzigen physiologischen Beweis.

Viertens, und allein dieses Argument müßte ausreichen, die Ötztal-Fälschung zu belegen: Der «Gletschermann» weist rundum den gleichen Mumifizierungsstatus auf, diese Lederhaut am Rücken wie an der Brust. Es ist nun völlig egal, ob diese Mumifizierung durch Eiswinde oder «flirrende Föhnwinde» oder durch beide zusammen herbeigeführt worden sein soll. Sie kann so nicht entstanden sein, weil der Tote ja bei der Auffindung auf dem Bauch lag. Der Eiswind wie der Föhn hätten den Toten in unterschiedlicher Weise mumifizieren müssen, nämlich am Rücken intensiver als an der Brustseite, zu der sie wegen der Bauchlage ja keinen Zugang hatten. Außerdem hätte der Tote, wenn er nicht als Mumie kurz oder lang vor ihrer Entdeckung am Hauslabjoch deponiert wurde, während des Ausaperns riffelartige, vom Haupt zu den Hüften abnehmende pathologische Veränderungen der Hautoberfläche aufweisen müssen, weil der Hinterkopf während des Freischmelzens ja um Tage länger von der Sonne – Sonneneinstrahlung in 3200 Meter Höhe bedeutet Hautverbrennungen, «Gletscherbrand» – bestrahlt wurde als die Schultern, die Schultern wieder länger als der Rücken. Und dies ist nicht der Fall, sowenig wie riffelartig nach unten abnehmende Verwitterungsspuren an den Artefakten erkennbar sind.

Dieser Sachverhalt – ein rundum, an Rücken wie Brust, gleichmäßig mumifizierter und in Bauchlage aufgefundener Toter wurde entweder vor 5300 Jahren am Hauslabjoch von einem Unbekannten fortwährend im Eiswind und in «flirrenden Föhnwinden» bis zum Abschluß der Mumifizierung gewendet. Oder er starb im Stehen und blieb bis zum Abschluß der Mumifizierung stehen, um sich dann auf die mysteriöse Weise für den Tag des Fundes in die Bauchlage zu begeben.

Uns ist bewußt – diese Zeilen sind makaber. Die Ötztal-Fälschung ist noch makabrer. Außerdem ist sie albern. Hier ist ein Hirte, doch seine Herde ist in Luft aufgelöst, obwohl bei Nachgrabung am Hauslabjoch Tierlosung gefunden wurde. Kälteschock, das europäische Klima springt im Quadrat, ein Feuerhauch über dem Hauslabjoch, ein Konservierungsgletscher eilt herbei und ist dann doch nicht mehr da. Ende einer akademischen Märchenstunde.

Die Schere, die aus den Bergen kam: Censura tirolensis

Artikel 10 der Verfassung der Republik Österreich lautet: «Jedermann hat Anspruch auf freie Meinungsäußerung. Dieses Recht schließt die Freiheit der Meinung und die Freiheit zum Empfang und zur Mitteilung von Nachrichten oder Ideen ohne Eingriffe öffentlicher Behörden und ohne Rücksicht auf Landesgrenzen ein.»

Artikel 17 lautet: «Die Wissenschaft und ihre Lehre ist frei.» Absatz drei zu Artikel 17 definiert: «*Grundsatz der Freiheit der Wissenschaft;* sie umfaßt das Recht der unbehinderten wissenschaftlichen Forschung und der unbehinderten Lehre der Wissenschaft.»

Diese Artikel haben sich in Jahrzehnten bewährt. Nun kollidieren sie mit den Vorstellungen des akademischen Dreigestirns zu Innsbruck, Moser-Spindler-Platzer, von Pressefreiheit und Freiheit der Forschung. Sie müßten durch folgenden Artikel ergänzt werden: «Die Entgegennahme der Nachricht vom

Auffinden eines Toten durch die Leopold-Franzens-Universität sowie das Verbringen desselben in deren Pathologie stellen eine geistige Leistung dar, die als geistiges Eigentum der Universität zu definieren, zu respektieren und zu honorieren ist. Die Freiheit zum Empfang und zur Mitteilung von Nachrichten ist insofern als obsolet zu betrachten.

Was sich die Universität Innsbruck in den Monaten nach dem Fund des Toten vom Hauslabjoch und dem Betreuungsabkommen mit der Regierung der Autonomen Provinz Südtirol erlaubt, ist unglaublich. Sie knebelt mit angemaßten Weltcopyright-Ansprüchen auf einen von Bozen ausgeliehenen Leichnam die Pressefreiheit. Und eine Universität, die so abenteuerliche Thesen wie die Bündner-Fleisch-Mumifizierung des «Gletschermannes» kursieren läßt, behindert die Freiheit der Forschung. Daß sie sich bei dem Versuch, die Story vom «Gletschermann» im Alleingang zu vermarkten, am Ende finanziell beinahe selbst stranguliert, könnte dem «Fluch des Ötzi» zugeordnet werden. Die Motive waren klar und auch überwiegend redlich: Innsbruck wollte durch den Verkauf von Bildern und Informationen an Presse und Fernsehanstalten und durch Sponsoring-Gelder das europäische Forschungsprojekt «Der Mann im Eis» finanzieren. Nicht ganz klar ist dabei, ob etwa das bereits mit öffentlichen bundesdeutschen Geldern unterhaltene Römisch-Germanische Zentralmuseum in Mainz, Zentrale für die Untersuchung der Artefakte, oder die Montan-Universität der österreichischen

Akademie der Wissenschaften in Leoben oder die Landeskriminalämter Hannover und Mainz nochmals oder ersatzweise oder buchungstechnisch durch den «Gletschermann» via Forschungsaufträge alimentiert werden sollten. Man ging jedenfalls davon aus, daß für die ersten drei Forschungsjahre fünfzehn Millionen Mark erforderlich sind, um beispielsweise Flügelstummel der Hirschlausfliegen (Lipoptena cervi) in den Beifunden der Leiche vom Hauslabjoch zu erkunden. Die Wissenschaftler waren dabei, mit «Ötzis» Hilfe das Perpetuum mobile zu erfinden, nämlich sich selbst, ihren für alle Zeit rotierenden Wissenschaftsbetrieb.

Es dürfte noch ein zweites Motiv geben, das die Restriktion von Informationen erklären könnte: private Publikationssehnsüchte aus dem Innsbrucker Dreigestirn. Konrad Spindler, von der Tutenchamun-Assoziation hingerissen, plant für Herbst 1993 die Herausgabe des Prachtbands «Der Mann im Eis». Es ist das «einzige von der Universität Innsbruck autorisierte, populärwissenschaftliche Publikationsprojekt über den ‹Mann im Eis›» und wurde von einem Münchner Literaturagenten an den Bertelsmann-Verlag verkauft.

Eine voll subsidierte Universität okkupiert einen von Südtirol entliehenen Toten, der als archäologischer Fund Allgemeingut der Menschheit und nach italienischem Recht «unverfügbares», also nicht veräußerbares und somit auch nicht von Dritten vermarktbares Eigentum der Republik Italien (Staat,

Provinzen, Kommunen) ist, erhebt einen ihrer Bediensteten zum Hüter der reinen «Ötzi»-Lehre, erklärt den Toten zur Verschlußsache – und versucht gleichzeitig, und vorübergehend sogar recht clever, die Medien zu manipulieren.

Beginnen wir mit dem Presse-Skandal, der sogar in Österreich seinesgleichen sucht: Am 10. Juli 1992 bestätigt der Rektor der Leopold-Franzens-Universität, daß der Innsbrucker Agentur «Ethik & Kommunikation» laut Vertrag vom 1./7. Juli 1992 der exklusive Auftrag erteilt wurde, «Geldmittel für die Universität zur Finanzierung der Konservierung und Untersuchung des Tiroler Eismannes (homo tirolensis) vom Hauslabjoch aufzubringen, insbesondere durch die Erschließung von Sponsor- und Spendengeldern sowie durch die Vermittlung der Übertragung von Verwertungsrechten, und für die Universität entsprechende Verträge zu vermitteln sowie für den Vertragsabschluß vorzubereiten». Ein Toter kommt unter den Hammer. Die kleine PR-Firma mit dem esoterisch anmutenden Untertitel *«Agentur für ganzheitliche Kommunikation»* und mystischen Kreis-Symbolen im Firmen-Logo, mittlerweile auch mit einer Filiale in Wien vertreten, wurde vor wenigen Jahren von Charlotte Sengthaler, der Tochter eines Verlegers in Wörgl bei Kufstein und ehemaligen ORF-Mitarbeiterin, gegründet. Rektor Moser sagt auf die Frage, warum man diese relativ kleine und junge und somit zwangsläufig unerfahrene Agentur mit diesem mächtigen PR-Projekt beauftragt habe: «Andere hätten sich das nicht zugetraut.» Andere Universitäten? Eine Agentur wie diese allerdings hätte Moser nirgendwo sonst gefunden. Denn fortan versinken alle Bilder und Erkenntnisse über «Ötzi», die das selbstfabrizierte Monopol der Universität entblößen könnten, im strategischen Informationsblackout-Bermuda-Dreieck zwischen der Universität, der Agentur «Ethik & Kommunikation» und der Innsbrucker Anwaltskanzlei «Greiter, Pegger, Kofler». Kritische Journalisten werden beleidigt – zunächst aus dem Stand heraus, dann vorauseilend, und von der Kanzlei Greiter, Pegger, Kofler bedroht, wenn sie ohne Vertrag mit «Ethik & Kommunikation» Fragen zum «Gletschermann» stellen. Eine universitäre Pressemitteilung vom 15.5.1992 liest sich noch relativ harmlos: «Mit Verwunderung und Staunen lesen die Vertreter der Universität Innsbruck und die mit den Forschungen betrauten Wissenschaftler immer wieder sehr merkwürdige Mitteilungen und Kommentare von selbsternannten Eismann-Experten in der Presse. Aus diesem Anlaß stellt die Leopold-Franzens-Universität fest: Nur bei jenen Mitteilungen über die Leiche, die von der Universität Innsbruck schriftlich bestätigt sind, kann auch davon ausgegangen werden, daß der Betreffende Zugang zur Leiche hatte und seine Aussagen nicht ausschließlich auf Hörensagen beruhen.» Wer also zum Beispiel – wie die Autoren – nach einem nicht vorhandenen Gletscher am Hauslabjoch fragen will, muß vorher den Toten gesehen haben: *Censura tirolensis*.

Der Ton der Experten wird kesser, am 18. September 1992 distanziert sich die Universität nach Hinweis auf den für Herbst 1993 geplanten Prachtband von Professor Spindler in vorauseilender Selbstgewißheit «in aller Schärfe von all den Publikationen, die gerade erscheinen oder deren Erscheinen für die nahe Zukunft angekündigt wurde, da diese die Anliegen der seriösen Wissenschaft und Forschung entfremden und den erwartungsvollen Leser nur enttäuschen können. Keinem dieser selbsternannten Eismannexperten stehen die permanent aktualisierten Forschungsergebnisse sowie das einzigartige Bildmaterial der Universität zur Verfügung.» Das liegt daran, daß die Universität das Material allein vermarkten möchte. Das verlautbart eine Universität, die beispielsweise nicht einmal auf die Idee kommt, das Alter des wichtigsten Fundgegenstandes, der Axt, mit C-14-Datierung des Axtstieles bestimmen zu lassen, um diese C-14-Datierung mit der C-14-Datierung des Toten zu vergleichen. Doch eine gewisse Nervosität schleicht sich ein. Die Autorin des Buches «Der Gletschermann und seine Welt», die Archäologin und Prähistorikerin Ellie G. Kriesch – sie hat bei Spindler studiert, Grabungen im süddeutschen Raum geleitet und produziert Fernsehdokumentationen über archäologische und historische Themen für das Fernsehen –, wird von Spindler als Trittbrettfahrerin eingestuft: «Der Ötziforscher [Spindler] wehrt sich entschieden dagegen, ‹mit der von ihm als oberflächlich empfundenen Berichterstattung, mit den Fehlern, falschen Darstellungen und verdrehten Tatsachen in diesem Produkt in

Verbindung gebracht zu werden›» («Tiroler Tageszeitung» vom 7. Oktober 1992).

Eine deutsche Fernsehanstalt muß wegen der Innsbrucker Informationsblockade eine Filmproduktion abbrechen, die Illustrierte «Quick» muß die Recherchen für eine «Ötzi»-Story vorzeitig aufgeben, der Chef vom Dienst der renommierten Zeitschrift «bild der wissenschaft», die noch im März 1992 eine wohlwollende Geschichte über den «Gletschermann» veröffentlicht hatte, kehrt im Sommer 1992 ohne ein zusätzliches Datum der «aktualisierten» glaziologischen oder pathologischen Erleuchtung aus Innsbruck nach Stuttgart zurück. Die Universität schlägt über ihre Anwaltskanzlei sogar ein Angebot des amerikanischen Magazins «National Geographic» in der Größenordnung von einhunderttausend Dollar aus: «No interest in your offer», weil sie glaubt, den «Gletschermann» kraft eigener Fähigkeiten im angelsächsischen Sprachraum lukrativer vermarkten zu können. Sie läßt einhunderttausend Dollar den Inn hinabschwimmen, während «Ethik & Kommunikation» mit Computertomogrammen vom Schädel des «Gletschermannes» hausieren gehen muß, um die versprochenen Sponsoring-Gelder aufzutreiben. Fernsehanstalten wie BBC oder OR müssen sich wie auf einem orientalischen Teppich-Markt fühlen: Sie sollen «Informationshonorar» bieten, etwa für einen Kamerablick in die Kühlkammer des Toten vom Hauslabjoch zu Innsbruck, eine öffentlich-rechtliche Fernsehanstalt soll in einer Angelegenheit von öffentlichem Interesse eine andere öffentliche Fernsehanstalt austricksen. Im August 1992, auf dem Höhepunkt dieses Skandals – es geht um die Berichterstattung über die Nachgrabungen am Hauslabjoch –, verweigert die österreichische Universität Innsbruck dem österreichischen Fernsehen ohne presserechtliche, zivilrechtliche oder völkerrechtliche Begründung die Drehgenehmigung, obwohl sie überhaupt nicht zuständig ist, weil der Drehort Hauslabjoch ja auf italienischem Staatsgebiet liegt, und vergibt laut Presseverlautbarung von «Ethik & Kommunikation» die Drehrechte exklusiv an die italienische Fernsehanstalt RAI, wofür eine österreichische Universität bestimmt nicht zuständig ist. Wer als Journalist an der internationalen Pressekonferenz an der Nachgrabungsstätte Hauslabjoch am 17. August 1992 teilnehmen will, muß einem Journalisten-Pool von «Ethik & Kommunikation» beitreten. Bildberichterstatter müssen sich verpflichten, ihr Filmmaterial oder ihre Videobänder – gegen einen Tagesspesensatz – abends der Agentur auszuhändigen, von der beispielsweise Fotografen ihre eigenen Bilder mit dem Copyright-Vermerk «Foto: Univ. Ibk» zurückerwerben können. Aber alles im Geiste Tiroler Noblesse: Die Agentur verlangt von den Journalisten kein Honorar für das Aushändigen ihrer eigenen Bilder, sondern erbittet, wörtlich, eine «Spende auf das für den ‹Mann im Eis› geführte Konto» bei der Tiroler Sparkasse Bank AG in Innsbruck. «Ötzi» hat also ein Konto. Bedauerlicherweise schnappt die Zensur-Schere nicht nur in den Köpfen von Journalisten zu. Was sich die etwa achtzig am Forschungsprojekt «Gletschermann» beteiligten europäischen Wissenschaftler mit ihrem Anspruch auf Freiheit der Forschung bieten lassen müssen, ist noch unfaßbarer. Um dabeisein zu dürfen – es muß sich hier um den aus dem Wählerverhalten bekannten «Bandwaggon»-Effekt handeln, das Aufspringen auf den fahrenden Zug –, unterwerfen sie sich einem von der Universität Innsbruck ausgearbeiteten Vertrag («*Grundsätze* für die Tätigkeit im Zusammenhang mit dem Tiroler Eismann und den bei ihm gefundenen Gegenständen») vom 31. März 1992, von seiten der Universität unterzeichnet von Rektor Moser und den Professoren Platzer und Spindler.

Dieses Dokument ist bemerkenswert. Es enthält in Passus 18 eine Art Selbstschußanlage für alle unterzeichnenden Wissenschaftler, ein Instrumentarium zur Unterdrückung der Wahrheitsfindung in Sachen «Gletschermann», und gängelt «alle, die, sei es als Wissenschaftler, als Mitarbeiter, Helfer, technisches Personal oder außenstehende Institutionen und Betriebe, mit der Konservierung und Erforschung zu tun haben». Die Universität Innsbruck hat den Toten, nach allgemeinem Verständnis Allgemeingut der Menschheit, bis zur letzten Hautschuppe und Haarspitze okkupiert, um ihre finanziellen Interessen – die hausgemachten Copyrights und Sponsorenrechte – zu sichern. Leseproben aus einem unglaublichen, allen akademischen Umgangsformen und der Freiheit der Forschung hohnsprechenden Papier – Censura tirolensis:

Passus 2a: «Publikationen in wissenschaftlichen Fachzeitschriften oder in wissenschaftlichen Büchern stehen jedem Fachwissenschaftler frei. Der Zeitpunkt der Veröffentlichung hat jedoch in Abstimmung mit der Universität zu erfolgen, um zu verhindern, daß die auf den Pressekonferenzen bekanntzugebenden Forschungsergebnisse vorweg bekannt werden oder Sponsorenrechte beeinträchtigt oder gefährdet werden.»

Auszug aus Passus 2c: «Das Honorar für die Veröffentlichung von Bildmaterial vom Tiroler Eismann oder von bei ihm gefundenen Gegenständen oder für sonstige Dokumentationen steht der Universität zu...»

Passus 3a: «Interviews ohne Bildmaterial, ohne Gegenstände und ohne Dokumentation können gemäß nachstehendem Punkt b) ohne Honorar gegeben werden. Sofern dennoch ein Honorar bezahlt wird, fließt dieses der Universität zu.»

Passus 3b: «Vorschläge hinsichtlich dieser Interviews samt Angabe des Themas sind der Universität bekanntzugeben. Die Universität behält sich die Zustimmung über die Abhaltung des vorgeschlagenen Interviews vor und entscheidet gemeinsam mit dem Beteiligten über die zeitliche Durchführung, um zu verhindern, daß die regelmäßigen Pressekonferenzen in ihrer Bedeutung reduziert werden oder Sponsoren- bzw. Verwertungsrechte hierdurch beeinträchtigt oder gefährdet werden.»

Auszug aus Passus 5: «*Publikationen außerhalb wis-*

senschaftlicher Fachzeitschriften und wissenschaftlicher Bücher, also für Medien wie Zeitungen, Zeitschriften, Magazine, populär-wissenschaftliche Veröffentlichungen etc.: a) Vorschläge für Publikationen werden an die Universität herangetragen und von der Universität entschieden. b) Das Entgelt (Honorar) für die Publikation, mit oder ohne Bildmaterial, Gegenständen oder Dokumentationen, wird von der Universität festgelegt. Das Entgelt (Honorar) steht der Universität zu...»

Auszug aus Passus 6: «Die Universität behält sich die Entscheidung über die Durchführung öffentlicher Vorträge durch Beteiligte vor...»

Passus 17: «Die Beteiligten sorgen dafür, daß auch von allen ihren Mitarbeitern, Helfern sowie dem technischen Personal die obigen Grundsätze eingehalten werden, und werden diese Grundsätze auch ihren Mitarbeitern und dem technischen Personal nachweislich zur Kenntnis bringen und die Erklärung von diesen Personen einholen, daß sie sich an diese Grundsätze binden.»

Etc. etcetera pp. Die Vereinigten Staaten von Amerika hätten ihr Atombomben-Projekt «Manhattan» nicht penibler schützen können als die Innsbrucker die ausgeliehene Mumie vom Hauslabjoch, auch wenn der Vertragstext gewisser Paradoxien nicht ermangelt. So heißt es, als «ausschließlicher Gerichtsstand» werde Innsbruck vereinbart. Die Universität sei jedoch berechtigt, auch an anderen Gerichtsständen gerichtliche Schritte einzuleiten. Es fände österreichisches

Recht unter Ausschluß der Verweisungsnormen Anwendung.

Passus 18 formuliert die Guillotine-Klausel für alle Wissenschaftler, die dieses Papier unterschreiben, um an der Erforschung des «Gletschermannes» teilnehmen zu dürfen: «Die Beteiligten werden alles unterlassen, was die Sponsoren- bzw. Verwertungsrechte der Universität beeinträchtigt oder gefährdet und (sie werden) im Zweifel bei der Universität anfragen. Bei Verletzung der Grundsätze ist der Beteiligte einerseits in der Höhe des verursachten Schadens schadenersatzpflichtig und kann andererseits mit sofortiger Wirkung von der Forschung ausgeschlossen werden.»

Dieser Passus ist ungeheuerlich und sei hier als Gedankenexperiment einmal durchgespielt: Es geht um 15 Millionen Mark, die die Universität durch Sponsoring und Copyrights anstrebt, also um die maximale Schadenshöhe. Angenommen, ein «Beteiligter» im europäischen Forschungsverbund zöge die Innsbrukker These – dieser Tote sei ein Homo tirolensis und vor 5300 Jahren vom Eis eingeschlossen worden – durch ein Forschungsergebnis ernsthaft in Zweifel oder widerlegte sie gar: Er datierte als Gedankenexperiment beispielsweise das Alter des Axtstieles auf fünfzig Jahre, oder er identifizierte Lederreste als Kamelhaut (was auch schon einmal durch die Presse geisterte), oder er finde an der Axtklinge eine winzige Prägung «Sorry, Made in Solingen» – dann mag er recht haben, und die Sponsoren und Verlage mögen abwinken, die Gelder ausbleiben: Es hülfe nichts, er wäre durch seine Unterschrift gegenüber der Universität Innsbruck regreßpflichtig, weil er ihre «Sponsoren- bzw. Verwertungsrechte» beeinträchtigt hätte. Dieser Passus 18, die Regreß-Verpflichtung, erklärt die «Mauer des Schweigens», gegen die Journalisten bei ihren Recherchen im europäischen «Ötzi»-Forschungsverbund immer wieder anrennen. Dieser Passus 18 ist, auch wenn er so simpel angelegt ist, in zweifacher Hinsicht ein juristischer Geniestreich: Er sichert Geld und garantiert das Schweigen der Wissenschaft. Denn jede öffentlich geäußerte Überlegung, daß es auch anders gewesen sein könnte, bedeutet für den Unterzeichner: Er läuft Gefahr, wegen Schädigung der Interessen der Universität Innsbruck zur Kasse gebeten zu werden. Und diese Kasse leert sich zusehends. Allein die Kosten für die Kühlung plus Warnanlage, die die Änderung von Temperatur und Luftfeuchtigkeit stündlich ausdruckt, und die Reserve-Kühlbox, in die der Leichnam nach Pannen mehrmals monatlich umgebettet werden mußte, belaufen sich auf eine viertel Million Mark pro Jahr. Und der «Gletschermann» hat noch zwei Jahre Verweilzeit in Innsbruck vor sich, bis Bozen die Mumie nach Südtirol heimholt, wo die Lagerung auch nicht billiger sein dürfte. Manchmal entfleucht Rektor Moser nach einem unwidersprochenen Bericht des österreichischen Magazins «News» ein Stoßseufzer der Verzweiflung: «Bringt's uns eine Schaufel, dann können wir ihn wieder eingraben.»

Die PR-Agentur «Ethik & Kommunikation» hat sich laut «News» verpflichtet, bis 1994 über Medien und Sponsoring insgesamt einhundert Millionen Schilling, etwa 14 Millionen Mark, Kapital aus der Leiche zu schlagen, aber der Markt, den man falsch eingeschätzt hatte, sagt: «Nein danke!» ORF und BBC verzichten darauf, wie an der Börse um einen Kamerablick in die Kühlbox zu pokern. Tirols Gäste überleben ihren Urlaub auch, wenn sie ohne «Ötzi»-Porträt auf dem T-Shirt die Berge durchwandern. Bilder von «tendenziell fleckenförmigen lockeren Aggregaten» in den Haarfunden vom Hauslabjoch reißen keinen Redakteur vom Stuhl. Es ist ein ökonomisches und wissenschaftliches Desaster, in das sich eine kleine, gemütliche Universität katapultieren ließ, weil verfrühte Tutenchamun-Visionen die akademische Kollegenschaft hinrissen.

Kronzeugin «Stubsi» oder Die Sache mit der Gletscherkatze

Im Sommer 1992 breitet sich in der «Ötzi»-Kommune Nervosität aus. Der Ko-Autor dieses Buches, Michael Heim, meldet nach monatelangen Recherchen in einem Film des Bayerischen Fernsehens massive Zweifel an der Geschichte vom «Mann im Eis» an: Wo ist der Gletscher? Wieso ist der Tote lederartig mumifiziert? Warum ist er kastriert? Die Sendung wird am 12. August 1992, mit Professor Spindler als Studiogast, ausgestrahlt und drei Tage später von der ARD übernommen. Das Echo ist groß. Es kommen Anfragen von «The European» über «Sunday Times» bis «Time Magazine». Doch ass. Professor Dr. Leitner vom Innsbrucker Institut für Ur- und Frühgeschichte urteilt gleichzeitig über den Film: «Wahnwitzige Vorstellungen.» Die renommierte französische Wissenschaftszeitschrift «Science & vie» beginnt allerdings mit Recherchen und kommt in ihrer Oktober-Ausgabe 1992 zu der Schlußfolgerung: Hibernatus, der Schneemensch vom Hauslabjoch – «Un montage comparable à celui du célèbre ‹Crane de Piltdown›», eine arrangierte Sache, vergleichbar dem berüchtigten Piltdown-Schädel. Der Piltdown-Mensch ist in einer hohen Tradition wissenschaftlicher Betrugsversuche die legendärste aller archäologischen Fälschungen, ein urgeschichtlicher Menschenschädel mit einmontierten Affenzähnen aus moderner Zeit.

Archäologie und Schabernack waren eben schon immer schwer zu trennen: Im berühmten Fall des «Piltdown-Menschen» wurde ein Fälscherspiel gar in der Größenordnung von sechshunderttausend Jahren getrieben. Der Rechtsanwalt und Amateur-Archäologe Charles Dawson findet seit 1908 in der Nähe des Dörfchens Piltdown in der südenglischen Grafschaft East-Sussex im Quartärkies einer Grube Schädelfragmente mit Zähnen. Sie werden als Überreste des ältesten europäischen Urmenschen, des Eoanthropus, bewertet, der als Bindeglied zwischen Menschenaffen und Menschen vor sechshunderttausend Jahren, also noch einhunderttausend Jahre vor dem «Heidelberger Urmenschen», gelebt haben soll. Die Zweifel allerdings wollten nie verstimmen. Doch erst zu Beginn der fünfziger Jahre werden Fluorintests vorgenommen, die mineralische Veränderungen in Knochen nachweisen. Der größte archäologische Fund des Jahrhunderts erweist sich als brillante Fälschung: Eine offenbar fossile menschliche Hirnschale und andere Knochenteile waren auf kunstvollste Weise mit dem künstlich gefärbten und chemisch behandelten Unterkiefer eines rezenten Affen, eines Orang-Utan oder Schimpansen, kombiniert worden. Die Zähne waren abgeschliffen, damit das Ganze zusammenpaßte. Im Dezember 1953 reichen sechs Abgeordnete des britischen Unterhauses den Antrag ein: «Das Hohe Haus möge beschließen, daß es angesichts der Verspätung, mit welcher sie herausgefunden haben, daß der Schädel des Piltdown-Menschen zum Teil eine Fälschung ist, den Treuhändern des Britischen Museums sein Vertrauen entzieht.» Zu den Treuhändern zählte neben anderen Premierminister Winston Churchill. Das Parlament lachte, die Affäre war zu Ende, aber die Auffassung setzte sich durch: Da war der ehrenwerte Rechtsanwalt Dawson vielleicht von Studenten mit einer sorgfältig vorbereiteten Fälschung hereingelegt worden. Andere behaupten freilich, Dawson selbst habe die Funde gefälscht und arrangiert. Doch er war bereits 1916 hochgeehrt gestorben.

Die «Ötzi»-Kommune gerät, anders als seinerzeit Mr. Dawson, etwas eher in Zugzwang. Alle Fragen nach den Fundumständen am Hauslabjoch gefährden ein Millionen-Forschungsprojekt, weil solche Einwände Sponsoren nicht gerade beflügeln. Wir kommen in unseren wundersamen Zufallsketten zu dem Phänomen, daß nicht nur eine Universität nervös wird, sondern auch die Gletscher. Sie brechen im Sommer 1992 ihr Schweigen, um Zeugen zu präsentieren.

Am 16. August 1992 gibt der Mont Blanc am Bossons-Gletscher in 1998 Meter Höhe eine Affenmumie an ein englisches Bergsteiger-Duo frei, das allerdings anonym bleiben möchte. Es zeigt sich mit Gletscherbrillen lediglich in einem Pressebild. Einer der beiden Alpinisten hält einen Affenarm in der Hand. Der Arm soll einem Affen gehören, der im Januar 1966 auf dem Flug in ein Labor mit einer Air-India-Maschine abstürzte. Die Boeing 707 war angeblich mit einem Kleinflugzeug kollidiert, das italienische Zigaretten in die Schweiz schmuggeln sollte. Alle Insassen, 106 Passagiere und elf Besatzungsmitglieder und der Affe sterben. Und nach sechsundzwanzig Jahren, die «Ötzi»-Saga eskaliert, präsentiert der Mont Blanc eine – behaarte! – Affenmumie.

Doch vor dem Affen kommt in Tirol aus einem Gletscher eine Katze zum Vorschein: «Stubsi». Am 24. Juli 1992 entdeckt ein Angestellter der Stubai-Seilbahn AG, Leo Schönherr, auf einem Felsen wenige Meter unterhalb der Bergstation, fünfundzwanzig Kilometer Luftlinie vom Fundort des «Ötzi» entfernt, eine lederartig vertrocknete Katzenmumie und bringt sie zunächst in eine Gerätegarage der Bergbahn. Diese Katze, nach den Stubaier Alpen «Stubsi» benannt, soll zur Kronzeugin in der Sache «Gletschermann»-Theorie versus Logik werden. Bedauerlicherweise hat sie aber eine kleine Vorgängerin, nämlich eine Katzenmumie, die zwar auch aus dem Stubaital stammt, aber in einem Faschingsscherz der «Tiroler Tageszeitung» dem Ötztal zugeordnet wurde, als Gespielin des «Ötzi».

Es ist ein wenig verwirrend. Aber wir gehen – obwohl wir uns hier in überaus diffuse Bereiche begeben – dennoch auf diesen Vorgang, in den sich ein Tiroler

Hofrat einklinken läßt, näher ein, weil dies alles zu den Wurzelgründen der alpinen Seele führt. Es ist die Freude am Tratzen und Taktieren mit der real-erfundenen Lüge und am Derblecken oder an der Gaudi schlechthin. Dieser alpinen Seelenkraft entsprang beispielsweise das Wolpertinger-Phänomen, jenes marderartige Fabelwesen, das durch alle Segmente des alpinen Seins vagabundiert. Es streicht um die Stammtischbeine herum, ist stark genug, Stiere auf der Alm zu erschlagen, aber auch liebenswert genug, Tausende von Freunden in alpinen Hotelbetten durch gezielte Verwirrung um den Schlaf zu bringen: Gibt es ihn nun oder gibt es ihn nicht? Der Wolpertinger wird von den alpinen Aborigines einfach im Gemüt des Fremden deponiert, aus Gaudi.

Die Gletscherkatze «Stubsi» soll belegen: Wenn ein Stubaier Gletscher eine Katze lederartig-vertrocknet mumifizieren kann, dann kann auch ein Ötztaler Gletscher einen Menschen lederartig-vertrocknet mumifizieren. «Stubsi» verdankt ihre Kronzeuginnen-Rolle in Sachen «Gletschermann» ihrer Vorgängerin, einem Faschingsscherz der «Tiroler Tageszeitung» vom 3. März 1992: Ein freier Mitarbeiter findet in einem Heuschober bei Neustift im Stubaital eine «Stadl-Katze», die sich zum Sterben in das Gebälk verkrochen hatte und dort vertrocknete. Die Redaktion fragt den geschäftsführenden Pathologen der Universität Innsbruck, Hofrat Dr. Unterdorfer, ob er einer Gaudi nicht abgeneigt sei. Der Hofrat ist es nicht. Er läßt sich im weißen Kittel, die Stadl-Katze begutachtend, mit

Bergrettungsmännern fotografieren. Die Aussagen des Pathologen und die Überlegungen und Schilderungen der Bergrettungsmänner verbinden sich dann zu einem Faschingsscherz, auf den die italienische Fernsehgesellschaft RAI voll hereinfällt und der Hunderte von Lesern anrufen läßt. In Kurzfassung: Die Nordtiroler sagten sich: Also, die Südtiroler haben jetzt unseren «Ötzi», was eine Gemeinheit ist. Aber der «Ötzi» kann ja unmöglich alleine durch das Gebirge geirrt sein, er muß eine Gefährtin gehabt haben. Man begibt sich mit dem Lawinenhund «Ricco» am Similaun in die Ötztaler Alpen und findet tatsächlich «Ötzis» Begleiterin, die Katze, die laut Unterdorfers Befund nicht nur unter den gleichen Bedingungen mumifiziert wurde wie der «Gletschermann», sondern auch den Vorzug hat, auf Nordtiroler Gebiet geruht zu haben. Als begeisterter Tiroler schlägt Hofrat Dr. Unterdorfer den Namen «Similaun-Katze» vor (auch wenn sie aus Neustift im Stubaital stammt). Die Redaktion bedankt sich für die Mitwirkung an dieser Show und schenkt dem Hofrat die Stadl-Katze, die er als Asservat in die Pathologie mitnimmt.

Dieser Faschingsscherz wird nun von der Wirklichkeit der «Ötzi»-Forschung überholt. Ende August 1992 meldet das Wiener Magazin «Profil» den Fund einer Gletscherkatzen-Mumie am Stubaier-Gletscher und veröffentlicht auch ein Bild: Die Katze ist haarlos bis auf die Schnurrhaare, die Pfoten sind gekreuzt, die Augenhöhlen leer, aber die Ohren sind aufgestellt. Sie gleicht frappierend ihrer vertrockneten Faschings-

Schwester unten in der Innsbrucker Pathologie. Es ist eine Stadl-Katze, die unterhalb der Gletscherzunge von einem Schalk oder einem Stubaier Patrioten deponiert wurde und nicht aus dem Gletscher kam. Die glaziologischen Umstände an der Fundstelle lassen keine Zweifel zu: Der Gletscher hat hier geschoben, die Felsen zerschrammt, Geröll als Steinmühle mit sich geführt, aber «Stubsi», die nachweisbar in keinem toten Winkel unter der Gletschersohle lag, hält die Ohren steif. Sie hat, bis auf Verletzungen am Schwanz, so wenig Blessuren wie der «Gletschermann», wenn man von dessen Hüftverletzung absieht, die bei den Bergungsversuchen mit dem Schrämmhammer entstand. Auf dem gleichen Gletscher, am Fernau-Ferner-Ableger, gab das Eis 1992 eine Fieseler-Storch-Maschine frei, die 1943 dort oben notlanden mußte; sie wurde zugeschneit und geriet ins Eis. Die stoffbespannten Flügel wurden zermalmt und der Stahlrohrrumpf so eindrucksvoll deformiert, daß das Wrack künftig in der Stubaibahn-Talstation ausgestellt wird. Eine Katze schlendert über denselben Gletscher, wird zugeschneit, gerät ins Eis, aber dieselbe Macht, die das Flugzeug zerdrückt hatte, gibt die Pro-«Ötzi»-Kronzeugin «Stubsi» mit friedlich gekreuzten Vorderpfoten frei: ein glaziologischer Witz.

«Die Wissenschaftler reagierten auf den Katzenfund wie elektrisiert», schreibt Ingrid Greisenegger in «Profil» vom 31. August 1992. «Nach dem Chaos um die Bergung des Eismannes im vergangenen Sommer gingen sie diesmal gleich professioneller ans Werk, packten die Mumie in eine Kühltasche und rasten mit überhöhter Geschwindigkeit auf Innsbruck zu.» Da ruht sie nun, in der Human-Pathologie der Uni am grünen Inn, Seite an Seite mit der Faschingsscherz-Katze der «Tiroler Tageszeitung». Wer hat nun «Profil» über die Katzenmumie vom Stubai informiert? Niemand anders als Professor Konrad Spindler, der am 15. August in einem Telefonat mit Ingrid Greisenegger sagte: «Der Fund ist ein Glücksfall.» Wir wiederholen uns: Es wäre eine Unterstellung zu sagen, Professor Spindler habe eine Alibi-Katze am Stubaier-Gletscher niedergelegt. Daß er «Profil» informierte, ist eine Feststellung. Und daß eine Universität diesen Humbug mitmacht, ist eine Feststellung, daß sie nicht widerspricht, wenn einer ihrer Repräsentanten auf einen aufgewärmten Faschingsscherz der «Tiroler Tageszeitung» hereinfällt.

Der Fund ist – das können wir aus Äußerungen von Professor Spindler gegenüber «Profil» und der Tageszeitung «tz» zusammenfassen – für die «Ötzi»-Forschung aus folgenden Gründen ein Glücksfall:

Erstens: Katze und Mann haben zwar nichts miteinander zu tun, aber die Katze ist auf jeden Fall ein interessantes Objekt für vergleichende Studien. Offenbar war sie genau wie der «Gletschermann» vor der Mumifizierung schon etwas verwest. Das könnte zumindest den totalen Haarverlust bei beiden erklären.

Zweitens: Selbst wenn es sich herausstelle, daß man nur eine verunglückte Hauskatze von der nahen Dresdnerhütte gefunden habe, könne man an ihr üben, bevor man sich am kostbaren Gewebe des «Ötzi» versuchte.

Drittens: Auf die Frage nach dem Alter der Katzenmumie vom Stubai sagte Spindler angeblich der Presse: «Von 20 bis 2000 Jahre ist alles drin. Wenn wir sicher sind, daß es eine Hauskatze ist, kann man sich zumindest auf die Römerzeit beschränken. Denn die haben die Hauskatzen erst mitgebracht. Eine Wildkatze könnte allerdings auch älter sein.»

Es bleibt die abschließende Frage, wie die Alibi-Katze, wenn sie nicht mit den Römern als Haustier den Alpenhauptkamm überquerte, auf dem Stubaier-Gletscher landete? Wenn es sich nicht um eine versprengte Hauskatze handelt, müßte es eine gletschergängige Wildkatze sein, was man unter anderem an ihren Ohren erkennen könnte. Da das wildreiche Bundesland Tirol offenbar nicht über genügend Wildbiologen verfügt, die zwischen Wildkatze und Hauskatze unterscheiden können, wird eine Untersuchung am Münchner Institut für Domestikationsforschung erwogen (wo man bereits das Steinbock-Steak im ungeöffneten Magen des «Gletschermannes» geortet hatte).

Der Erkenntnis-Trend geht aber bereits in Richtung «Hauskatze». Professor Dr. Leitner, der die «Stubsi»-Mumie aus dem Stubaital nach Innsbruck überführt hat, tippt auf eine junge Hauskatze mit einer Liegezeit von 20 bis 150 Jahren. Auf der seit 150 Jahren bestehenden Dresdnerhütte, 600 Meter oberhalb des Fundortes, habe man schon früher Hauskatzen gehalten.

Eine von ihnen sei einmal bis in dreitausend Meter Höhe entlaufen und halb verhungert von Bergwanderern zurückgebracht worden. Mit der «Stubsi» sei alles zu neunundneunzig Prozent klar, deshalb sei auch keine Altersbestimmung nach der C-14-Methode vorgenommen worden.

Wenn Gletscher ihr Schweigen brechen, dann ist das schon eine aufregende Sache. Die Affenmumie vom Mont Blanc haben wir ja noch hingenommen. Aber daß die Faschingsbolde der «Tiroler Tageszeitung» mit dem fiktiven Lawinenhund auf die «Similaun»-Katze stoßen und die Universität Innsbruck auch noch zur «Stubsi»-Mumie kam, das war für die Autoren dieses Buches eine Herausforderung. Sie machten sich selbst auf die Suche und fanden gleichfalls eine Stadl-Katzenmumie, vertrocknet in der Pötzinger-Säge am Tegernsee. Die nennen sie «Pötzi».

Die dem Toten vom Hauslabjoch hinterhereilende Alpin-Glazioarchäologie schreitet offenbar, dem Alpenhauptkamm folgend, von West nach Ost voran: Der Affe vom Mont Blanc, die Similaun-Katze, die «Stubsi», die «Pötzi». Das Katzen-Fundgeschehen nähert sich dem Zillertal mit den Tuxer Alpen, der Fund der «Tuxi» kann nur noch eine Frage der Zeit sein, dann Großglockner, die «Gloxi», dann Hohe Tauern, «Taurixi» wird sie heißen, wir kommen in die Karpaten, «Karpatzki», «Uralski», «Tibetzi»...

Der Pazifik kann sich dem Katzen-Fundgeschehen nicht in den Weg stellen, es ist zu dynamisch. In den Rocky Mountains wird die «Roxi» aus dem Eis geborgen, das archäologische Happening überspringt den Atlantik und nähert sich den französischen und schweizerischen Westalpen: «Rosi» vom Monte Rosa, die «Maxi» vom Matterhorn. In Innsbruck schließt sich dann der Kreis: Hier treffen sich die Gletscherkatzen der Welt, auch aus Feuerland und Grönland und aus den Schneebergen zu einem schnurrenden Festreigen auf dem Universitätsplatz von Innsbruck.

Innsbruck hat es verdient, der Treffpunkt des ersten Glacier-Cats-Worldsummit zu werden.

Die stummen Stimmen aus dem Permafrost

Es gibt einen, verglichen mit der Gletscherkatzen-Geschichte, ernsthafteren Versuch zur Aufrechterhaltung der Fiktion vom Mann im Ötztaler Eis. Als Kronzeugen werden von der Innsbrucker Archäologie folgende Toten geladen: der Brite William Braine von den Royal Marines (Soldat) auf HMS Erebus, gestorben am 3. April 1846 im Alter von 32 Jahren, bestattet auf Beechey Island/Kanada. Sein Kamerad John Hartnell, Vollmatrose auf HMS Erebus, gestorben am 4. Januar 1846 im Alter von 25 Jahren, bestattet auf Beechey Island/Kanada, und John Torrington, Vollmatrose auf HMS Terror, gestorben am 1. Januar 1846 im Alter von 20 Jahren, bestattet auf Beechey Island/Kanada.

Beechey Island ist eine winzige Insel im Nordpolarmeer, nordwestlich der Hudson Bay – dort, wo sich die Passagen Barrow Strait und Lancaster Sound begegnen. Die drei Toten auf Beechey Island sollen – und dafür müßten sie zum drittenmal in der Geschichte ihres eisigen Schlafes exhumiert werden – bezeugen: Der Tote vom Hauslabjoch ist eine Permafrost-Mumie wie sie selbst. Wenn er denn kein Gletschertoter sein kann.

Braine, Torrington und Hartnell waren Mitglieder der legendären Franklin-Expedition, die Mitte des vergangenen Jahrhunderts die Nordwestpassage von Grönland an Nordamerika vorbei zum Pazifik erkunden sollte – zum höheren Ruhm des britischen Empire. Es war das größte arktische Forschungsunternehmen aller Zeiten – und es endete in der größten aller anzunehmenden Katastrophen. Keiner der 129 Männer unter dem Kommando von Sir John Franklin kehrte zurück. Die Schiffe HMS Erebus und HMS Terror sind mit ihrer Mannschaft verschollen. Geblieben sind nur die Gräber der drei ersten Toten, im Dauer-(Perma-)Frost auf Beechey Island. «Der Mann aus dem Eis ist in gleicher Weise mumifiziert wie die Franklin-Toten», sagte Professor Spindler am 12. August 1992 und kündete eine Expedition zu den Gräbern auf Beechey Island für das Jahr 1993 an. Eine erstaunliche Volte, die den Archäologen Spindler nun in die Nähe des verstorbenen Pathologen und Gletschertoten-Experten Henn versetzt. Der Archäologe sagte von Anfang an, der Tote vom Hauslabjoch komme aus dem Gletscher-Eis, der Pathologe zweifelte von Anfang an daran. Noch im Frühjahr 1992, als genügend Zeit gewesen war zu eingehenden Untersuchungen, antwortete Rainer Henn auf die Frage: «Sind die Körperzellen des Toten nun schockgetrocknet, vom Föhnwind, oder schockgefroren vom Eiswind?» in seiner bedächtigen Art: «Ich neige eher zu Permafrost.»

Der Versuch, die Herkunft eines Toten aus dem Gletscher – und mit diesem Nachweis steht und fällt die gesamte «Ötzi»-Geschichte – durch Vergleiche mit Permafrost-Mumien zu belegen, verwundert. Permafrost, der die Böden von Tundra und Taiga und arktischen Gebieten bis zu zweihundert Meter tief gefrieren läßt – nur die Oberfläche taut vorübergehend auf –, konserviert chemisch-physikalisch einen Körper auf ganz andere Weise als Eis, das einen Körper umschließt – von den zerstörerischen Scherkräften eines Gletschers ganz zu schweigen, denen die bisher bekannten Permafrost-Mumien nie ausgesetzt waren. Sie alle waren bei niedrigen Temperaturen bestattet worden – sie schlafen den «Eisigen Schlaf», wie der Titel eines Buches von Owen Beattie und John Geiger über das Schicksal der Franklin-Expedition lautet.

Wenn Permafrost-Mumien, nach der Kälte-Dehydrierung und dadurch herbeigeführter Mumifizierung überhaupt mit Eis in Kontakt kamen, dann waren es Eislinsen, die sich durch Schmelzwasser in den Gräbern oder Särgen bildeten. Die Mumifizierung von Permafrost-Toten kann auch durch Kontakt mit Huminsäuren aus dem Erdreich beeinflußt werden. Ein Permafrost-Toter, zu dem «Ötzi» unter Berufung auf die Franklin-Toten jetzt gekürt werden soll, ist also niemals das gleiche wie ein Gletscher-Toter. Er wird ja nicht vor seiner Mumifizierung ins Eis gelegt, sondern vielmehr in einen gegrabenen Hohlraum. Und ein Gletscher-Toter ist etwas anderes als ein Permafrost-Toter, weil das ihn einschließende Eis einen ganz anderen Chemismus, eben die Leichenwachsbildung, auslöst. So könnte sich eigentlich eine Kanada-Expedition, einmal Innsbruck–Beechey Island und zurück, erübrigen. Zumal eines feststeht: Permafrostbeerdigungen schließen den Zutritt von Luft nicht aus – doch die Axt des «Ötzi» weist keine relevante Oxidationsschicht, keine Patina auf.

Permafrost-Mumien und -Grabbeigaben wurden von dem Archäologen Sergei Rudenko in den Jahren von 1929 bis 1949 aus den skythischen Hügelgräbern von Pazyryk im südsibirischen Altai-Gebirge, an den Grenzen zu Westchina und der Mongolei, geborgen. Die Toten, offenbar aus der Oberschicht des Reitervolkes der Skythen aus dem fünften bis dritten vorchristlichen Jahrhundert, lagen unter Steinaufschüttungen in großen hölzernen Grabkammern und wuchtigen Särgen, bewacht von ihren Pferden, die als Opfergaben erwürgt worden waren und in den Nekropolen gleichfalls zu Permafrost-Mumien erstarrten. Die Toten wurden, ehe man sie dem Permafrost anvertraute, präpariert: Sie wurden eingewachst, Gehirn und Eingeweide wurden entfernt, die Schädelhöhle mit Erde und Kieselsteinchen aufgefüllt, die Kopfhaut und die Körperschnitte mit Pferdehaaren vernäht.

Die Permafrost-Mumien von Pazyryk sind nach den Bildern von der Bergung «in situ» (in unveränderter

Position) und von einer Ausstellung in St. Petersburg lederartig mumifiziert. Sie lagen in ausgestreckter Haltung in den Gräbern, die Arme über dem Leib verschränkt. Einem Toten hatten Grabräuber das Haupt abgeschlagen. Ein Mann aus dem zweiten Pazyryk-Grab ist am Oberkörper mit Motiven aus der skythischen Mythologie tätowiert, zu sehen sind geschwänzte und schreitende, löwenartige Fabelwesen, Märchenvögel, ein Fisch – und ein offenbar mathematisches oder astronomisches Punktemuster auf dem Rücken, das in der «Ötzi»-Gemeinschaft eigentlich Erstaunen auslösen müßte. Denn auch der Tote vom Hauslabjoch ist an der Wirbelsäule nach einer offenbar mathematischen oder astronomischen Formel tätowiert.

Die Literatur nennt eine Fülle von menschlichen und tierischen Permafrost-Mumien auf Grönland und in Nordamerika: die Eskimo-Mumien von Qilakitsog aus dem fünfzehnten Jahrhundert, dreihundert Seehund-Mumien von Victoria-Land in Antarktika, eine 36 000 Jahre alte Bison-Mumie bei Fairbanks in Alaska, Pferde aus dem Pleistozän in Alaska, Eskimo-Frauen und Kinder, deren Gräber 1972 bei Umanak in Westgrönland gefunden wurden.

Und die drei toten Franklin-Seeleute auf Beechey Island am Lancaster Sound. Zweien von ihnen hatten die Kameraden ein Bibelwort mitgegeben, ehe sie selbst mit ihren Schiffen HMS Erebus und HMS Terror die Weiterreise in die Ewigkeit antraten – eine Reise, die vermutlich auf King William Island endete. Auf dem Kopfbrett des Grabes von William Braine steht: «Erwählet euch heute, wenn ihr dienen wollt», Josua XXIV, 15. Auf dem Kopfbrett von John Hartnell: «So spricht der Herr Zebaoth: Schauet, wie es euch geht!» Haggai 1.7. Für John Torrington, er war der erste Tote der Besatzung, verstorben an Bord der HMS Terror, fand sich noch kein Wort, die Kameraden hatten wohl noch nicht begonnen, sich auf den Tod einzulesen.

Die Franklin-Expedition war ein nationales Unterfangen, die Erebus und die Terror waren umgerüstete Bombardierschiffe der Royal Navy, die ursprünglich Hafenfortifikationen beschießen sollten, aber vom imperialen Willen in das Insel-Puzzle der Nordwestpassage getrieben wurden, einen neuen Seeweg nach Ostindien zu finden, damit die Briten von London aus, an Grönland vorbei, Nordamerika umsegeln konnten. Es war auch, nach dem Ausbruch der Industriellen Revolution, eine Herausforderung der Technik an das ewige Eis: In beiden Schiffen werden, wie Beattie und Geiger berichten, zwei umgebaute Dampflokomotiven, erworben von der London and Greenwich Railway, mit speziell angefertigten Schiffsschrauben installiert. Proviant und Heizmaterial für drei Jahre werden gebunkert, allein 4700 Liter Zitronensaft gegen Skorbut. Die Erebus führt eine Bibliothek mit 1700 Büchern mit sich, die Terror 1200 Bände. Jedes Schiff besitzt eine Art Drehorgel, die fünfzig Melodien spielen kann, darunter zehn Hymnen.

Die beiden Schiffsbesatzungen fahren, begleitet von einem Hund namens Neptun und dem Affen Jacko –

von Grönland kommend –, über die Baffin Bay in den Lancaster Sound und damit in ihr Verhängnis ein, umrunden Cornwallis Island, liegen dann vor Beechey Island, begraben dort ihre drei Kameraden in Mahagoni-Särgen und verlieren sich dann um das Jahr 1848 für alle Tage – vermutlich nach der Fahrt durch den Peel Sound zwischen Prince of Wales Island und Somerset Island vor King Williams Island. Wenn das Auge über Landkarten dieses arktischen Archipels wandert, in dem sich die Franklin-Männer verirrten, stellen sich eigentümliche Gefühle ein. Diese fremde, monoton-anonyme, bläulichviolette Welt aus See, Gestein und Eis, dieses Insel-Meeresstraßen-Gewirr wird von den Kartographen mit Namen übersprenkelt und damit für die Menschheit in Besitz genommen: Bathurst Island, Queen Maud Gulf, Chantrey Inlet, Adelaide Peninsula, Cape John Herrschel, Richardson Point, Great Fish-River, Viscount Melville Sound, Simpson Strait, Gulf of Boothia, Lord Mayor's Bay, Starvation Cove, Point Le Vesconte...

Die Autoren des Buches «Der eisige Schlaf», Owen Beattie (Associate Professor für Anthropologie an der University of Alberta, Kanada) und John Grigsby Geiger (ausgezeichnet mit dem Edward Dunlop Award of Excellence für seine Arbeiten über die Franklin-Expedition) vermuten nach ihren Funden von Skelettresten und Konservendosen auf King William Island, daß die Besatzungen nicht nur durch Hunger und Kälte, sondern auch an Bleivergiftung starben – Bleivergiftung durch unsachgemäßes Verlöten der damals erst eingeführten Konservendosen. Und sie sprechen von Kannibalismus in den letzten Aufzügen dieser Tragödie.

Die Welt konnte die verschollenen Schiffe nicht vergessen, über Jahrzehnte nicht. Ihr Interesse muß andere Ursachen haben als die Solidarität allen Lebens gegenüber dem Tod. Nach spätestens zehn oder fünfzehn Jahren hätte man die Besatzungen doch aufgeben müssen. War es die Faszination von den «Männern im Eis»? Die Faszination, die auch vom Toten am Hauslabjoch ausgeht?

Fünfundzwanzig staatliche und privat finanzierte Expeditionen – eine von ihnen wird von Lady Franklin ausgerüstet – suchen von 1846 bis 1880 nach HMS Erebus und HMS Terror. 1852 läßt Commander Edward Augustus Inglefield die Gräber der drei Franklin-Toten auf Beechey-Island öffnen, die Toten werden obduziert und wieder bestattet. In seinem Tagebuch spricht Inglefield von einem riesigen Bären, der ständig auf einem der Gräber sitze und still Wache bei den Toten halte. Im arktischen Sommer 1984, also 132 Jahre später, exhumieren Beattie und Geiger die Toten erneut und untersuchen sie, unter anderem mit einem Röntgengerät im Zelt. Davon bringen sie Permafrost-Bilder mit, die nun die «Ötzi»-Permafrost-These stützen sollen.

Es sind Bilder von der schaurigen Schönheit der Unverwestheit.

Die Toten scheinen zu schlafen, bis auf John Hartnell: «Seine Lippen waren grausam geschürzt, als ob er den Zorn über seinen Tod gleich zu Beginn des Abenteuers hinausschreien wollte.» Die beiden anderen Franklin-Toten sehen aus, als wären sie nur bewußtlos. Alle drei jedoch unterscheiden sich vom «Ötztal-Toten»: Sie tragen ihre Kleidung, gestreifte Matrosenhemden, noch wie eh, und sie haben ihre Haare noch. Der Tote vom Hauslabjoch ist auch anders mumifiziert, lederartiger – er erinnert eher an die Toten aus den Skythen-Gräbern im Altai. Und er besitzt kein einziges Haar mehr.

Die Prozession der Forschungssünden oder Auf der Wendeltreppe der Vergangenheit

Ziehen wir eine Zwischenbilanz: Die Fundgeschichte strotzt von Ungereimtheiten. Die Sache mit dem Gletscher stimmt nicht, also gibt es auch keinen «Gletschermann». Die Sache mit der Föhn-Mumifizierung ist ein Witz, der nur noch durch die nachgelieferte Gletscher-Alibi-Katze «Stubsi» übertroffen wird.

Begleiten wir nun die Prozession der Forschungssünden auf ihren weiteren Kreuzwegstationen durch die Talsohlen von Inkompetenz, mangelhaftem interdisziplinärem Denken, Informationschaos und Satire.

Diejenigen Wissenschaftsdisziplinen, die die Herkunft des Toten und des wichtigsten Fundstückes, der Axt, präzise klären könnten, werden nicht gefragt. Dazu gehört vor allem die Molekular-Archäologie, die Wendeltreppe in die Vergangenheit, die man nicht betritt, weil sie zu einer unerwünschten Tür führen könnte. Über die Molekular-Archäologie könnte man den «biochemischen Fingerabdruck» des Toten finden. Und ebenso könnte die Metallo-Archäologie ein kernphysikalisches Verfahren, den «geochemischen Fingerabdruck» liefern, der Rückschlüsse auf die Herkunft der Axt erlauben würde. Radiokarbon-Datierungswerte, die belegen könnten, daß der Tote so alt ist wie die bei ihm gefundenen Gräser, Lederreste und Hölzer, wurden bisher nicht veröffentlicht. Es gibt keinen Ansatz, den Toten über seine Tätowierungen einem Kulturraum zuzuordnen, und man scheut sich sogar, über die Tatsache zu sprechen, daß der «Gletschermann» vor seinem Tod kastriert worden ist.

Die Molekular-Archäologie führt hin zu einem Traum aus dem Träumebukett der Wissenschaft: Du findest in einem Bernsteinsarkophag ein Insekt, das einen Dinosaurier gestochen hat, und im Rüssel findest du ein Blutpartikelchen des Dinosauriers. Es mag noch so klein sei – es enthält in seiner Desoxyribonukleinsäure (DNS, englisch DNA) sämtliche Erbinformationen, den Konstruktionsplan des Dinosauriers. Wenn man diese Erbinformationen dazu bringt, sich zu reproduzieren, könnte man sie in ein Krokodilei einpflanzen und einen Dinosaurier ausbrüten lassen.

Die Wissenschaft hat diesen Traum noch nicht eingeholt, aber die Distanz schrumpft, seit die Gentechnologie die Methode der Polymerase-Kettenreaktion (Polymerase Chain Reaction, PCR) hervorbrachte. Das war 1983. Die Polymerase-Kettenreaktion ist eine der wichtigsten Entwicklungen des letzten Jahrzehnts im diagnostischen Umfeld. Sie erlaubt es Molekular-

Archäologen, durch die organischen Überreste, durch den zellulären Mikrokosmos von Lebewesen – ob Mumie, Moorleiche oder Mammut – zu streifen. Winzige Proben von Körpergewebe, also auch von Haaren und Fingernägeln, sogar zermahlene Knochen genügen, um Nukleinsäuremoleküle millionenfach identisch zu vervielfachen. Erstmals können extrem kleine Mengen von Nukleinsäuren identifiziert werden, selbst einzelne Moleküle lassen sich spezifisch nachweisen.

Die erst 1985 publizierte Methode der Polymerase-Kettenreaktion – sie basiert auf Hitze-Denaturierung der zu untersuchenden DNA – wird heute bereits in vielen Anwendungsgebieten eingesetzt, die vorher einer quantitativen Analyse nur schwer zugänglich oder sogar verschlossen waren: Diagnose von Infektionskrankheiten, Virusinfektionen, Krebs, Genkrankheiten, Gewebstypisierung, kriminalistische Fragestellungen, Tier- und Pflanzenkrankheiten sowie Lebensmittelanalyse. Auch schlecht konservierte DNA aus Mumien oder alten Gewebeschnitten kann mit dieser Methode molekularbiologisch untersucht werden.

Es gibt bei der Jagd nach archaischem Erbgut die Kunst des molekularen Klonens. Aber sie wird im Fall des Toten vom Hauslabjoch bis zur Stunde nicht praktiziert. Die Mumie ist nun mehr als ein Jahr nach dem Fund für die Polymerase-Kettenreaktion, die den Leichnam in einen ethnischen Hintergrund einordnen könnte, immer noch tabu. Die Frage nach der Herkunft des Toten – kommt er aus Ägypten oder Tirol, aus Mesopotamien, Sibirien oder Südamerika? – wurde offenkundig nicht gestellt, obwohl sie ja zum frühestmöglichen Zeitpunkt die Forschungskriterien und damit die Forschungsstrategie der Universität Innsbruck hätte bestimmen können: Vielleicht hätten die Innsbrucker Forscher sich wenigstens im Sommer 1992 auf den Stand der Wissenschaft begeben, hätten sie zum Beispiel Philip E. Ross' Artikel «Paläo-Moleküle» in «Spektrum der Wissenschaft» gelesen, der Grundlage auch dieser Darlegungen darstellt.

Warum fragt niemand: Woher stammt der Tote? Dies ist, neben der fehlenden Altersbestimmung der Axt, ein wissenschaftlicher Unterlassungsskandal.

Pionier der Molekular-Archäologie ist ein Schwede, Professor Svante Pääbo, mittlerweile Lehrstuhlinhaber am Zoologischen Institut der Ludwig-Maximilians-Universität München. Pääbo begann Anfang der achtziger Jahre in Uppsala, mit der Polymerase-Kettenreaktion die Molekularstrukturen einer ägyptischen Mumie, eines Pharaonen-Kindes, zu untersuchen: Er isolierte DNA-Sequenzen und kopierte diese Sequenzen millionenfach, um damit – später auch mit Gewebeproben aus der Ägyptologischen Sammlung in Berlin – nach Verwandtschaftsgraden in Pharaonen-Familien zu forschen. Pääbo analysierte DNA-Sequenzen in «ancient human remains» aus Ägypten, den Anden, dem Südwesten der USA, von den Aleuten, aus Alaska, Australien, Melanesien und Japan, aus dem sieben- bis achttausend Jahre alten Gehirn einer Moorleiche in Windover/Florida.

Die Dimensionen dieser Wissenschaftsdisziplin sind noch gar nicht abzusehen, wir betreten erst die Ballsäle der Phantasie: über die Wendeltreppe der ineinander gewundenen doppelsträngigen DNA-Molekül-Ketten hinabzusteigen in archaisches Erbgut, in die Brunnenstuben des Lebens, wo man aus einer Mücke ein Mammut machen könnte, in den genetischen Code von Mumien, fossilen Fischen, ausgestorbenen Echsen. Und wieder hinauf in die Gerichtssäle, um einen Täter durch den molekularen DNA-Fingerabdruck eines Spermiums oder einer Haarwurzel zu überführen. Wer über die Polymerase-Kettenreaktion DNA-Sequenzen eines Toten dazu bringt, sich zu reproduzieren, wer den angehaltenen Morse-Lochstreifen des Lebens wieder zum Laufen bringt – Leben ist die Reproduktion von Bauanleitungen für die Zelle –, hat einen Toten partiell wieder zum Leben erweckt. Und sei es nur ein Molekülklümpchen aus seinem Herzvorhof oder seinem Gehirn.

Svante Pääbo, seit 1991 auch Berater beim Institut für Molekularbiologie II der Universität Zürich für das Projekt «Völkerkundliche Untersuchungen zum Ursprung der Schweizer Bevölkerung» – also zusätzlich prädestiniert für die «Ötzi»-Forschung –, wurde 1991 mit dem höchsten Preis ausgezeichnet, den die Deutsche Forschungsgemeinschaft zu vergeben hat: Es ist der mit bis zu drei Millionen DM dotierte Gottfried-Wilhelm-Leibniz-Preis. Aber er erhält aus Innsbruck nicht die Spur einer Gewebeprobe. Das halbe Volumen einer Süßstofftablette würde genügen, um anderen Disziplinen im «Ötzi»-Forschungsverbund zum frühestmöglichen Zeitpunkt zu sagen: Da könnte es langgehen...

Sie tun es nicht. Innsbruck vergibt an den führenden europäischen Molekular-Archäologen, Träger des «deutschen Nobelpreises», keine Gewebeprobe, obwohl Pääbo im Forschungsverbund «Gletschermann» der Universität angeführt ist. «Wir können den Toten doch nicht zerschneiden», sagt Professor Konrad Spindler, «Proben gibt es vielleicht später.» Dabei hätte eine Hautschuppe genügt, eine Haarspitze (vorausgesetzt, ein vorangehender konventioneller gentechnologischer Vergleich belegt, daß das Haar vom Toten stammt). Aber man schickt Haare an das Deutsche Wollforschungs-Institut in Aachen, ohne Identifikations-Nachweis. Das Institut zu Aachen scheint der Universität Innsbruck wichtiger zu sein als die Molekular-Archäologie.

Die Molekular-Archäologie, so «Spektrum der Wissenschaft», hat aufgrund ihrer Präzision, der detektivischen Feinheit der Polymerase-Kettenreaktion, eine Schwachstelle: nämlich die mögliche Kontamination des «Objektes» durch fremde DNA. Ein Forscher kratzt sich am Kopf, ein Stäubchen fällt in das Reagenzglas, fremde Hände berühren ohne Handschuhe den Toten und könnten Spuren ihrer Erbinformation auf der Körperoberfläche zurücklassen und dadurch das Ergebnis verfälschen. Denn junge DNA ist leichter zu orten als historische DNA. Vergleichende PCR-Analysen könnten ergeben: Der Mann vom Hauslabjoch ist in Wirklichkeit Professor Spindler oder Reinhold Messner oder der Similaun-Wirt. Es hätte zu Beginn des Forschungsvorhabens – mittlerweile macht die Südtiroler Landesregierung als Eignerin ja Schwierigkeiten – die Möglichkeit bestanden, unter hochsterilen Bedingungen Gewebeproben endoskopisch aus dem Körperinneren zu entnehmen – doch man tat es nicht.

Als Svante Pääbo im Sommer 1992 – damals liefen die Recherchen für den ersten Film «Fragen zum Gletschermann» des Autors Michael Heim – mit der Überlegung konfrontiert wurde, daß der Mann vom Hauslabjoch als Mumie deponiert wurde, hätte er eigentlich so reagieren müssen: «Hören Sie auf mit diesem Stuß, ich bin Wissenschaftler und habe Wichtigeres zu tun.»

Aber er sagte: «Ich bekomme keine Proben aus Innsbruck. Wenn ich welche hätte, hätte ich große Probleme, den Toten in den ethnischen Hintergrund der alpinen Bevölkerung einzuordnen, wegen der starken Wanderungsbewegungen. Wenn er aus dem Vorderen Orient käme, hätte ich auch Probleme, weil ich dann bis zu den transkaukasischen Völkern zurückgehen müßte. Wenn er Indianer ist, hätte ich ihn sofort.»

Er hätte ihn sofort, den Indianer, sagt Pääbo, weil – die Beringstraße fungierte als Nadelöhr der asiatischen Völkerwanderung – das Erbgut der Einwanderer durch weiträumige Inzucht in sich geschlossen blieb.

Die Dimensionen der von Innsbruck bisher nicht wahrgenommenen Möglichkeiten der Molekular-

Archäologie verschlagen einem den Atem. Eines Tages wird das Shuttle der Phantasie zwischen DNA-Sonden im Labor und Dinosaurier-Embryos im Krokodilsei nur so hin und her fliegen. Wie Konquistadoren betreten Molekular-Archäologen – in der einen Hand das Polymerase-Enzym als Schaufel und Schwert, in der anderen ein Reagenzgläschen – die Anfänge unseres Seins und durchschreiten die Pfade der Evolution.

Es gibt den amerikanischen Thriller «Jurassic Park» von Michael Crichton, hervorgegangen aus einer Begegnung des Autors (ein ausgebildeter Arzt) mit dem Insektenforscher George O. Poinar von der Universität Berkeley: Ein spleeniger Millionär und ein skrupelloser Molekulargenetiker befreien Dinosaurier-Erbgut aus dem Saugrüssel einer im Bernstein-Sarkophag eingeschlossenen Stechmücke und lassen die Schreckenechsen im «Dino-Park» wiederauferstehen – mit schrecklichen Folgen.

George Poinar hat mittlerweile – die DNA-Wendeltreppe führte ihn 25 bis 30 Millionen Jahre zurück in die Schöpfung – Erbmaterial der Biene *Problebeia dominica* aus dem Bernstein der Dominikanischen Republik isoliert. Seine Kollegen Dave Grimaldi und Robert DeSalle am American Museum of Natural History in New York spürten in dominikanischem Bernstein die bislang älteste Erbsubstanz einer fossilen Termite auf, multiplizierten sie über die Polymerase-Kettenreaktion und machten sich – wie Svante Pääbo in seinen Pharaofamilien – auf die Suche nach molekular fixierten Verwandtschaftsgraden zwischen Termiten und Schaben.

Molekular-Archäologen haben aus Muskelfasern, die an den wenigen erhaltenen Fellen gefunden wurden, die Erbsubstanz des ausgestorbenen Quagga wiederbelebt und konnten, so «Spektrum der Wissenschaft», durch DNA-Vermehrung nachweisen, daß Quaggas – das letzte Exemplar starb 1883 im Zoologischen Garten von Amsterdam – zur Gruppe der Zebras gehören. Durch Polymerase-Kettenreaktion wurden die Erbinformationen des im achtzehnten Jahrhundert auf Neuseeland ausgerotteten Moa, eines dreieinhalb Meter hohen Laufvogels, in unsere Welt zurückgeholt. Pääbo konserviert Erbmaterial aus dem Gehirn von siebentausend Jahre alten Leichen, die aus einem salzigen Morast in Kalifornien stammen. In den berühmten, prähistorischen Moorleichen von Windover (Florida) finden sich die ältesten analysierten DNA-Botschaften der Menschheit, sieben- bis achttausend Jahre alt, darunter, so «Spektrum der Wissenschaft», eine Ansammlung von Genen mit besonderen Funktionen für die Immunabwehr. DNA aus Mitochondrien könnte die Forschung zurückführen zur Urmutter der Menschheit. Mitochondrien sind gewissermaßen die Kraftwerke der Zelle, in ihnen liegen die Code-Bänder des Lebens in kleinen doppelsträngigen Ringen, während der Zellkern lange, gebündelte DNA-Doppelstränge enthält.

Doch die DNA-Forschung muß nicht in die Urzeit abtauchen. Viel näher lag der Fall des KZ-Arztes Josef

Mengele. Er soll am 7. Februar 1979 bei einem Badeunfall in Brasilien ums Leben gekommen sein. Die Welt wollte es nicht glauben, aber die Polymerase-Kettenreaktion sagt: Der Tote, beerdigt unter dem Falschnamen Wolfgang Gerhard, *ist* Mengele. Dem britischen Biochemiker Alec Jeffreys gelang es 1990, aus einem Teil eines Oberschenkelknochens des angeblichen Mengele-Skeletts eine winzige Probe der DNA-Erbsubstanz zu extrahieren. Die Probe ist überfrachtet mit Erbinformationen von Pilzen und Bakterien, aber Jeffreys isoliert ein Viertel eines milliardstel Gramms menschlicher DNA.

Als genetisches Vergleichsmaterial brauchte er nur einen Tropfen Blut von Josef Mengeles Sohn Rolf und dessen Mutter Irene in Günzburg. Rolf Mengele wird von Mengele-Opfern aus Israel und in den USA bedrängt, er weigert sich, der Frankfurter Oberstaatsanwalt Hans-Eberhard Klein erwägt, die Großeltern von Rolf Mengele exhumieren zu lassen, damit Jeffreys an DNA-Proben aus dem Erbgut der Familie Mengele kommt. Rolf Mengele ist daraufhin bereit, einen Tropfen Blut zu geben, auch seine Mutter. Ein Kurier des Bundeskriminalamtes bringt das Blut im Januar 1992 nach Leicester. Die durch Polymerase-Kettenreaktion multiplizierte Erbinformation aus dem Skelett in Brasilien und das Blut aus Günzburg stimmen überein: Ein «genetischer Fingerabdruck» bestätigt den Tod Josef Mengeles, die Staatsanwaltschaft in Ludwigshafen stellt nach dreißig Jahren ihre Ermittlungen gegen den KZ-Arzt Josef Mengele ein.

Nun soll ein Haar das Geheimnis der Anna Anderson lösen, die ihr Leben lang behauptete, sie sei Anastasia, die Tochter des letzten russischen Zaren. Anna Anderson, 1984 gestorben, liegt im bayerischen Seeon begraben. Britische Wissenschaftler wollen über die Polymerase-Kettenreaktion ein Haar von ihr mit den Skeletten vergleichen, die 1991 bei Jekaterinburg im Ural gefunden wurden; bei den Toten soll es sich um die Zarenfamilie handeln.

Identifiziert ein Haar aus Seeon die Toten von Jekaterinburg? Und die Toten von Jekaterinburg identifizieren die Tote von Seeon?

Es ist phantastisch: Die Wendeltreppe der DNA Doppelhelix läßt uns in die Vergangenheit hinabsteigen. Zu der Biene im Bernstein, zu den Moorleichen Amerikas und den Mumien Ägyptens, zu den Moas und Quaggas und Mammuts. Die Polymerase-Kettenreaktion läßt uns die Evolution rückwärts durchschreiten. Sie entschlüsselt Wanderungsbewegungen, Verwerfungen in Populationen und korrespondiert so auch mit der linguistischen Forschung. Sie überführt durch ein Viertel eines milliardstel Gramms den toten Badegast mit dem falschen Namen in Brasilien.

Eines nur strapaziert die Phantasie: Daß die Universität Innsbruck von der Polymerase-Kettenreaktion nichts wissen will. Daß sie einer archäologischen Sternstunde kein gutes, weil echtes, «Ötzi»-Haar überlassen will.

Die Axt, die glänzt

Das Meiden von Beweisen, das Ignorieren von wissenschaftlichen Methoden wiederholt sich im Bereich der Metallo-Archäologie, die den «geochemischen Fingerabdruck» für den einzigen Metallfund vom Hauslabjoch, die Axtklinge, liefern könnte. Und dabei könnte die Axtklinge, die bis zur Drucklegung dieses Buches nur nach dem Augenschein datiert und nach ihrem Design in die Nachbarschaft vorgeschichtlicher Randleistenbeile aus Oberitalien eingerückt wurde, durch Neutronenbeschleunigung, durch die Drei-Isotopendiagramm-Analyse zum Sprechen gebracht werden. Und sie könnte viel erzählen: Mein Erz kommt aus den Stollen von Mitterberg – Mitterberg ist das am intensivsten erforschte vorgeschichtliche Kupferbergwerk im Alpenraum –, oder es kommt mit Sicherheit nicht vom Mitterberg, es könnte aus Mesopotamien kommen oder aus Anatolien. Und wenn es aus Melanesien stammen sollte, wurde ich nachgegossen und in einen nichtdatierten Stiel eingefügt. Die Isotopen-

Analyse von Metallen entspricht in ihren drei Schritten der molekular-archäologischen Analyse in der Anthropologie: Sie kann den Herkunftsort eines Fundes definieren, einkreisen oder ausschließen. Daß auch sie in den von der Innsbrucker Universität vorgegebenen Forschungskriterien bis zur Stunde nicht einbezogen wird, verrät fast schon Methode – es sei denn, auch diese Unterlassung entsprang intuitiver Inkompetenz.

Metallo-Archäologie untersucht Metallfunde chemisch und physikalisch, und nicht durch bloßes Betrachten einer Axtklinge, indem sie verschiedene geochemische Charakteristika der Artefakte mit den Charakteristika von antiken Erzlagerstätten vergleicht. Dazu eignen sich, im Fall des Kupfers, nur solche Parameter, die beim Prozeß der Kupfergewinnung nicht verändert werden. Es sind Spurenelemente im Kupfermetall, wie Gold, Nickel, Blei oder Arsen, die die Zusammensetzung des Ausgangserzes widerspiegeln und so zur Herkunftsstätte hinführen können. Am wichtigsten sind dabei die aus dem Zerfall von Uran und Thorium entstehenden Blei-Isotope ^{204}Pb, ^{206}Pb, ^{207}Pb und ^{208}Pb im Kupfer, weil sie am sichersten die Herkunftserzlager belegen. Führend in dieser Wissenschaftsdisziplin, die völlig neue Erkenntnisse über metallurgische Entwicklungen in antiken Kulturräumen – der Ägäis etwa, dem Balkan, Anatolien, Mesopotamien – und über antike Handelswege ermöglicht, sind das Max-Planck-Institut für Kernphysik in Heidelberg und das Max-Planck-

Institut für Chemie in Mainz, Nachbar des Römisch-Germanischen Zentralmuseums.

Auf die Frage, ob man die Axtklinge einer Isotopen-Untersuchung unterzogen habe, antwortet Dr. Markus Egg, Hüter der Axt im Museum: «Nein, die Isotope sind [*beim Schmelzen*] alle zum Kamin rausgeflogen.» Er bezieht sich dabei auf eine hauseigene Röntgenfluoreszenz-Untersuchung der Klinge, die aber nur Aufschluß über die Oberflächenbeschaffenheit geben kann, nicht aber – und das kann nur die Kernphysik – über die vier Blei-Isotope. «Außerdem wollen wir die Axt nicht beschädigen.»

Das Heidelberger Institut für Kernphysik käme mit einer Bohrprobe aus der Klinge von einem Millimeter Durchmesser und acht Millimeter Tiefe aus, um im Spurenelement Blei des Kupfers die Pb-Isotope zu zählen. Aber dazu kommt es nicht. «In der Datenbank des Stuttgarter Landesamtes für Denkmalspflege sind die Isotopen-Diagramme von 27000 antiken Metallfunden aus Mitteleuropa gespeichert», sagt Dr. Pernicka vom Heidelberger Institut, «aber keiner hat uns um einen Vergleich mit der ‹Ötzi›-Axt gebeten.»

Isotope, störet unsere Kreise nicht...

Stimmen aus zwei Welten: Professor Dr. Konrad Spindler, Vorstand des Institutes für Vor- und Frühgeschichte der Universität Innsbruck, legt – nachdem er in der Innsbrucker Pathologie den Fund, vor allem die Axtklinge, in Augenschein genommen hatte – das Alter der Artefakte und damit auch des Toten auf viertausend Jahre fest.

Der oberste Gerichtsmediziner des Bundeslandes Tirol, Professor Dr. Rainer Henn, der als Pathologe weiß, wie Tote aus dem Gletscher aussehen – sie kommen nicht als Ledermumien ans Licht –, widerspricht dem Historiker. Für Henn, der wenige Monate später auf der Fahrt zu einem «Ötzi»-Vortrag tödlich verunglückt, hat ein «Spaßvogel die Mumie da oben deponiert». Aber auf ihn wird nicht gehört.

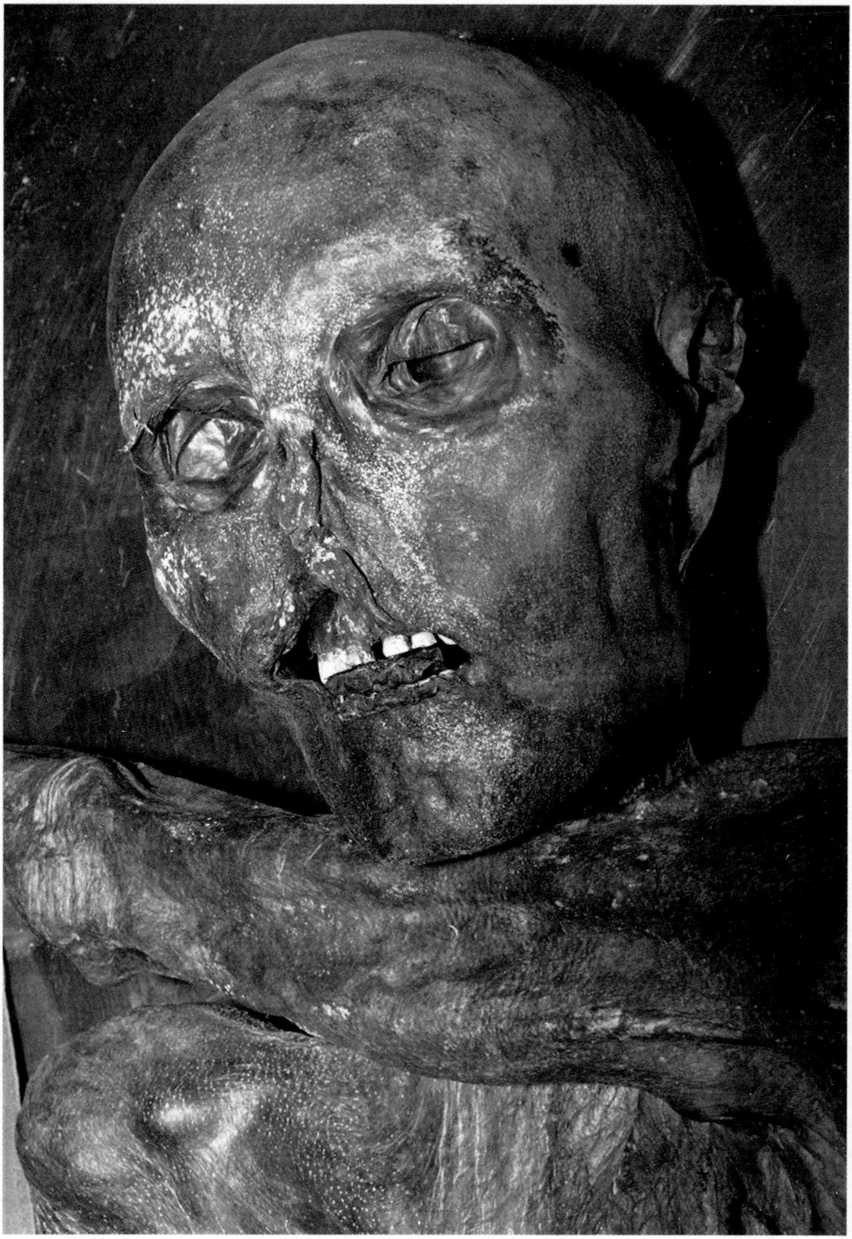

Ein Vexierbild ohne Auflösung: Man glaubt die Augäpfel zu sehen, und sieht sie doch nicht – als wären sie hinter Jalousien verborgen. Doch die Mumifizierung kann nicht im Eis erfolgt sein, die Minustemperaturen hätten die Glaskörper mit ihrem hohen Flüssigkeitsgehalt platzen lassen, die Augenhöhlen müßten leer sein.

Ein Phantombild, das aus der Kälte kommt, angefertigt von Professor Henry Tilly, Maler und Bildhauer in Telfs/Tirol. Tilly vertritt eine Denkschule, die schwer zu beurteilen ist, aber in die Diskussion einbezogen werden müßte: Es ist die Frage nach dem religionshistorischen Hintergrund einer beschnittenen Mumie. Tilly und andere sehen in dem Toten einen Medizinmann, einen Schamanen.

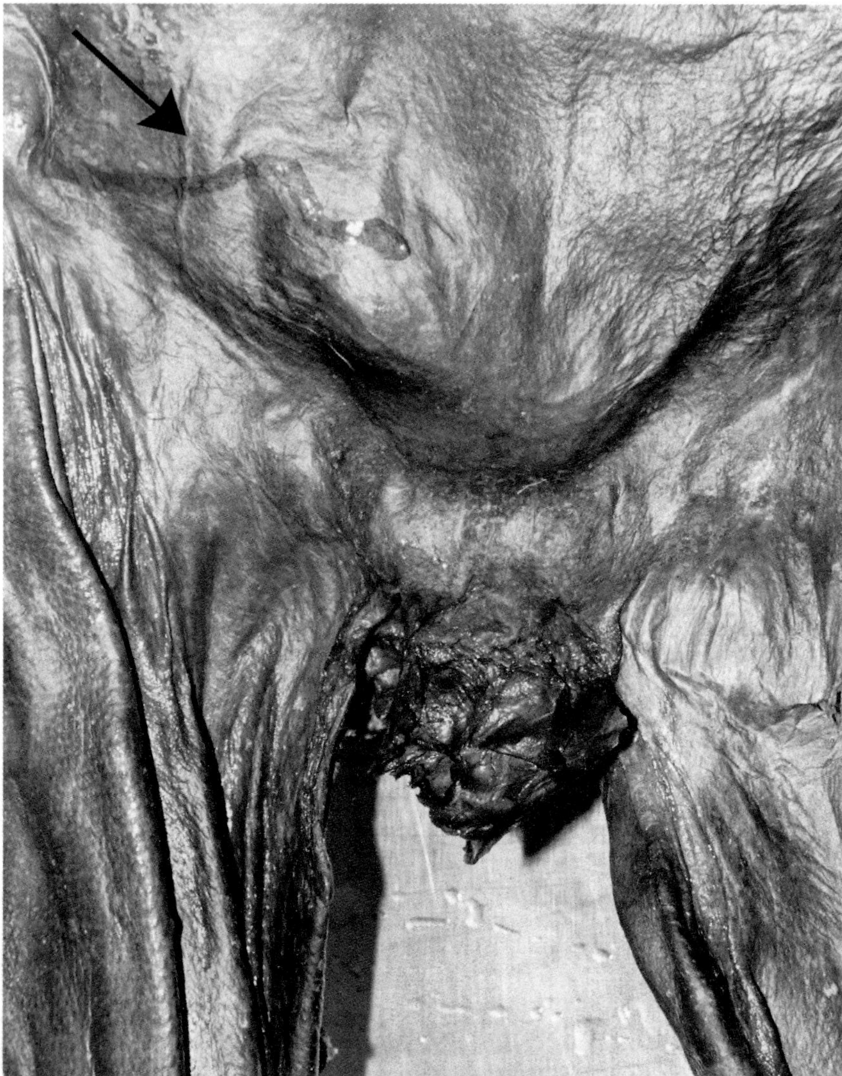

Der Genitalbereich des zu Lebzeiten kastrierten Mannes vom Hauslabjoch – ein durch medizinischen Eingriff ausgeschälter Hodensack ohne Penis, ohne Bruchstelle, ohne Wunden, also ohne mechanische Verletzungen durch Gletschereis. Dieses Bild ist aus einem zweiten Grund wichtig: Es zeigt in der oberen Bildhälfte einen von links ablaufenden Wassertropfen. Die Körperoberfläche nimmt, im Gegensatz zu allen anderen dehydrierten organischen Substanzen, kein Wasser auf. Der Tropfen perlt ab, der Tote muß einen Chemismus durchlaufen haben; er ist eine Mumie, die nicht aus dem Eis kommt.

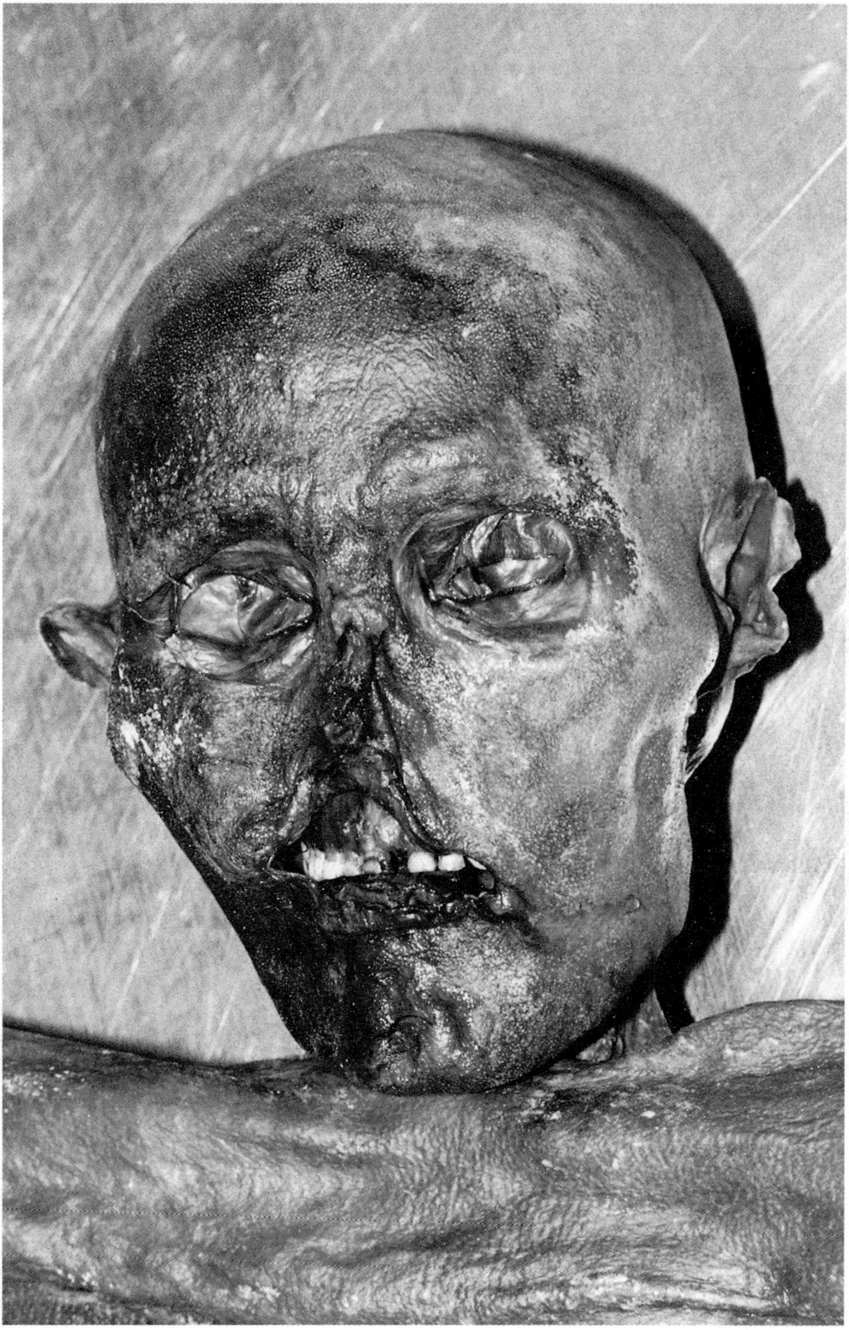

Die Auferstehung des Grases, und andere Ungereimtheiten: An der Fundstelle gab es um die Jahrhundertwende noch einen Gletscher, mit einem statischen Druck von sieben bis zehn Tonnen pro Quadratmeter (die Scherkräfte eines fließenden Gletschers gar nicht eingerechnet). Wie kann das Heu eines Schuhes – aufgenommen am Morgen nach der Einlieferung des Toten in die Pathologie – diese unversehrten Strukturen zeigen?

Der Gletscher brach der Hand des Toten nicht einmal den kleinen Finger. Diese Bilder hat es in der Geschichte der Glaziologie noch nie gegeben.

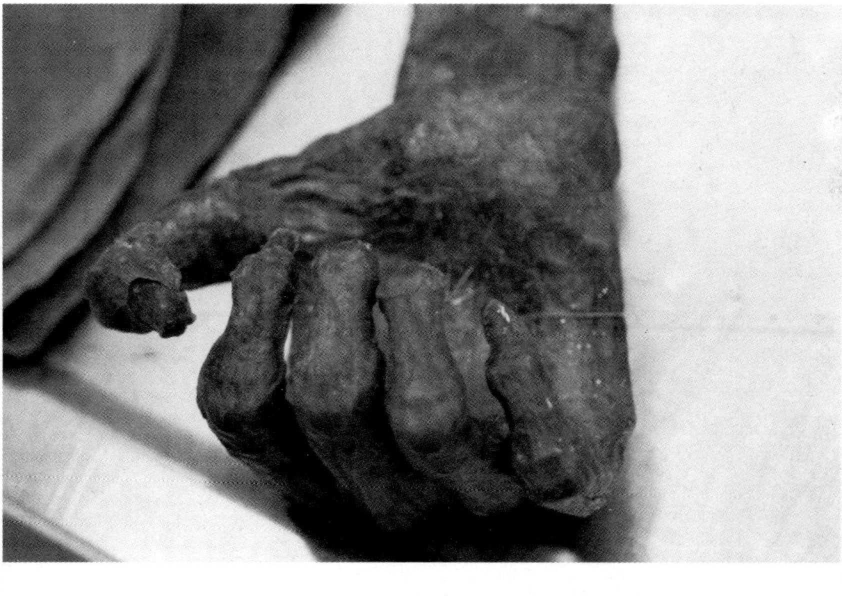

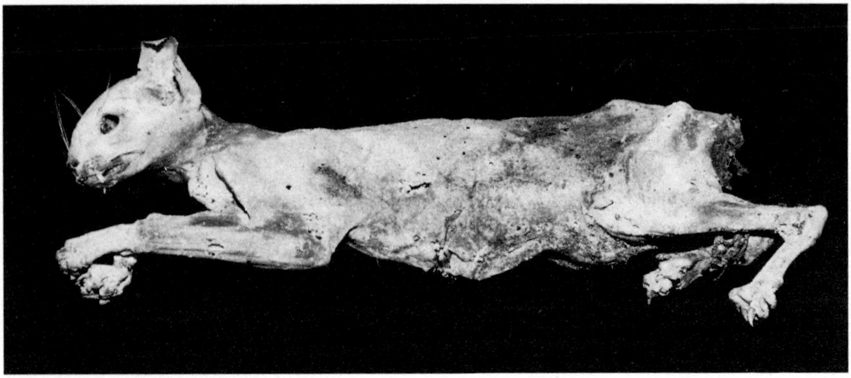

Der nachträgliche Fund einer «Gletscherkatzen»-Mumie am benachbarten Stubaier-Gletscher im Sommer 1992, der «Stubsi», soll belegen, daß «Ötzi» aus dem Eis kam, weil beide den gleichen Mumifizierungs-Status aufwiesen: «Ein Glücksfall für die Wissenschaft.» Die Bilder sagen etwas ganz anderes: Die Katze wurde unterhalb des Stubaier-Gletschers deponiert (im Bild rechts die Fundstelle an der Stubaier-Seilbahn-Bergstation), denn das Eis hat sie nicht deformiert, ihre Ohren stehen aufrecht, die Schnurrhaare sind erhalten, nur der Schwanz ist abgebrochen. Der gleiche Gletscher aber hat (Bild unten) das Stahlrohrgerippe eines Fieseler-Storch-Flugzeuges, das 1943 auf dem Ferner notlanden mußte, verbogen und die stoffbespannten Flügel zermalmt. Aufschlußreich ist auch das Bild von der Fundstelle, wo die Alibi-«Gletscherkatze» ausgeapert worden sein soll: Das Eis floß an der Fundstelle, das an der Gletschersohle als «Steinmühle» mitgeführte Geröll hinterließ seine Schramm-Längsspuren an den Felsen.

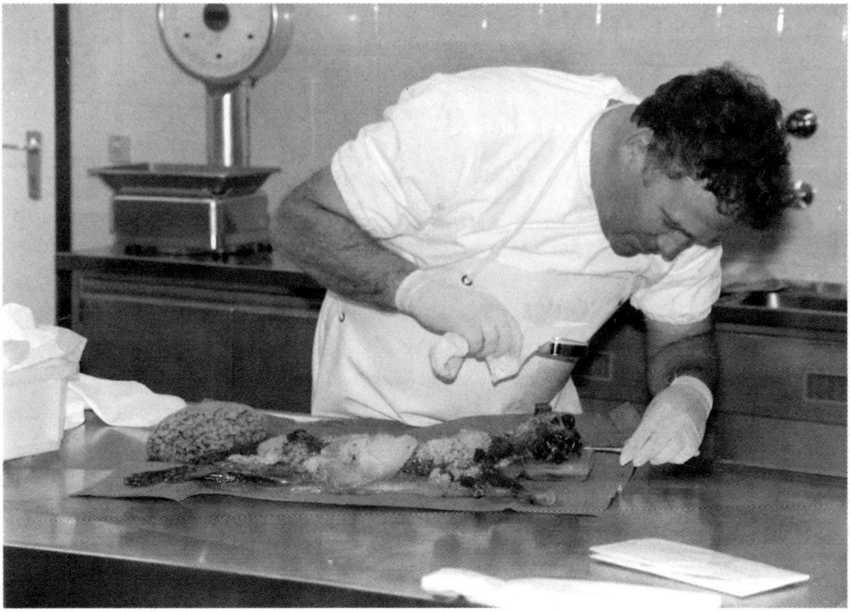

Am Anfang war die Faschingsscherz-Katzenmumie der «Tiroler Tageszeitung», Ausgabe 3. März 1992: Ein Mitarbeiter findet in einem Heustadl bei Neustift die vertrocknete Mumie einer Katze, die sich zum Sterben verkrochen hatte. Der diensthabende Innsbrucker Gerichtsmediziner Hofrat Dr. Unterdorfer, Betreuer des «Ötzi», spielt bei dem Scherz der Redaktion mit: Im weißen Kittel, umgeben von Männern des «Bergungskommandos», befindet er: Die Katze war «Ötzis» Begleiterin, fünftausend Jahre alt, nennen wir sie «Similaun-Katze», dann ist wenigstens sie Nordtirolerin.
Diesem Faschingsscherz folgt im Sommer 1992 der Fund der Gletscherkatze «Stubsi» vom Stubai, den Professor Spindler als Beleg für die «Mann aus dem Eis»-Legende dem Wiener Magazin «Profil» meldet.
Zwei Katzenmumien-Funde hintereinander ließen natürlich die Autoren nicht ruhen. Sie machten sich auf die Suche und fanden in der Pötzinger-Säge am Tegernsee schon wieder eine vertrocknete Katze (unten) – und gaben ihr den Namen «Pötzi».

Wo ist der Gletscher, der den Toten vom Hauslabjoch freigegeben haben soll? Es gibt seit vielen Jahren – Gletscherschwund beschränkt sich jährlich auf Meterbereiche – an der Fundstelle keinen Gletscher mehr. Der nächste Gletscher, der Niederjoch-Ferner (im Bild rechts oben), fließt weit entfernt an der Fundstelle vorbei.

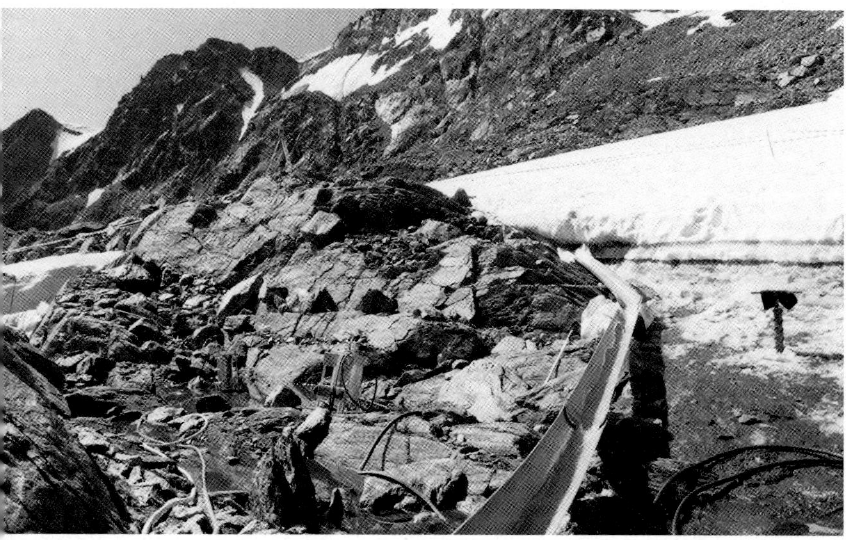

Bei den Nachgrabungen am Hauslabjoch im August 1992: Dampfstrahler schmelzen Eisreste und Schnee, das Schmelzwasser wird filtriert – und man findet einen Fingernagel, der dem «Ötzi» zugeordnet wird.

Schon die Topographie widerlegt die Behauptung, ein Gletscher habe sich über den in einer Mulde liegenden «Mann im Eis» hinweggeschoben, ohne ihn zu versehren. Spätestens bei den Nachgrabungen im August 1992 zeigte sich: Es gibt, und zwar in Fließrichtung des Gletschers, eine etwa vier Meter breite Öffnung, die das Eis durch die Felswanne, den vermeintlichen «Schützengraben», abfließen ließ.

Von Landvermessern wird «Ötzi» posthum als italienischer Staatsangehöriger ausgewiesen. Die Fundstelle (im Bild unten Autor Michael Heim am Hauslabjoch) befindet sich 92,5 Meter vor der Grenze zum österreichischen Staatsterritorium. Die Mumie und die Fundgegenstände sind somit Eigentum der Autonomen Provinz Südtirol; sie wurden für drei Jahre an Innsbruck ausgeliehen.

Das Hauslabjoch – Schauplatz einer Groteske

Der Guru kam bis Itter in Tirol: Die Villa des Paramahansa-Yoganda-Sektenfinanziers Perlinger und seiner schwarzen «Queen» Sharon.

Sonderschaltungen für die Welt: Über zusätzliche Amtsleitungen in der Innsbrucker Universität und TV-Satelliten-Schüsseln im Hof der Universität nimmt die Legende vom «Mann aus dem Eis» ihren Weg.

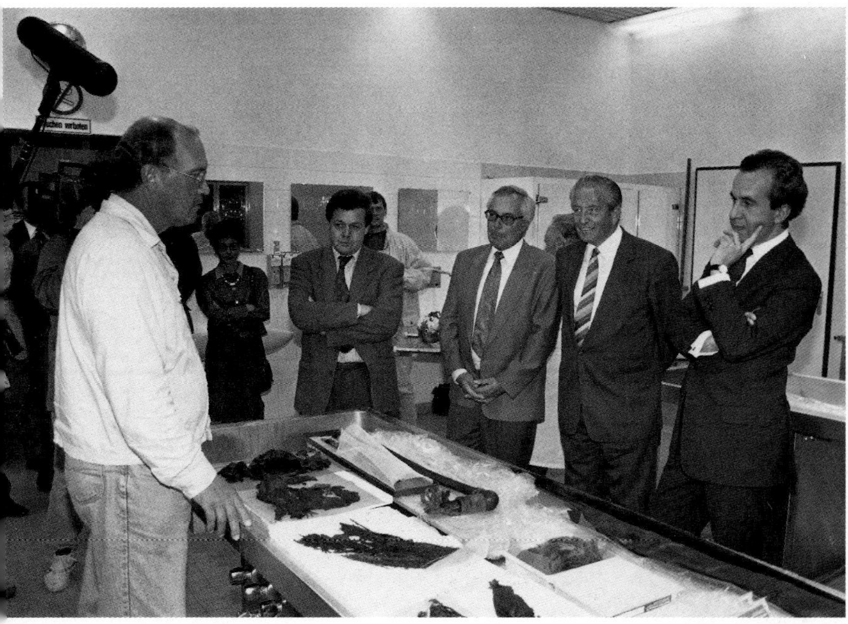

Der Welt das Staunen beibringen: «Wir stehen vor der größten archäologischen Sensation seit der Entdeckung des Pharaonengrabes von Tutenchamun» (links: Professor Spindler).

ALFA 33
da lire
16.700*
* x 1.000 SU STRADA
BOLZANO - TEL. 203334

ALTO ADIGE

Corriere delle Alpi

QUOTIDIANO INDIPENDENTE DEL MATTINO

Graf
Ora - Via Nazionale 84

Anno 46 (CV) N. 202
Una copia lire 1.200

Domenica
22 Settembre 1991

SENSAZIONALE RITROVAMENTO IN ALTA VAL SENALES

Un antico guerriero sul cammino di Messner

Nel ghiaccio un corpo: è di 5 secoli fa?

Il cadavere, che è in buono stato di conservazione, porta calzari ai piedi, ha un'ascia in mano e segni di frustate sulla schiena

VAL SENALES - Il ghiacciaio del Similaun ha restituito il corpo di un uomo vissuto almeno cinque secoli fa. L' eccezionale ritrovamento è avvenuto nei pressi della Punta di Finale, a circa 3200 metri di quota. Reinhold Messner si è subito recato sul posto per verificare di persona la portata della scoperta ed è rimasto senza parole per lo stupore. Il cadavere congelato indossa infatti un paio di calzature simili a quelle utilizzate dagli eschimesi; in mano il manico di metallo di quella che doveva essere un' ascia; la testa fracassata.

A pagina 3

Sopra, Messner e Kammerlander in cammino sul ghiacciaio È stato durante l'11.esima tappa del loro percorso che hanno trovato su segnalazione di un altro alpinista il corpo, risalente a 500 anni fa e che si presenta come nel disegno a fianco

Journalistischer Kraftakt ohnegleichen: Reinhold Messner informiert am Samstagabend, 21. September 1991, telefonisch von der Similaun-Hütte aus den «Alto Adige»-Redakteur Danieli in Meran über seine Begegnung mit einem mittelalterlichen Krieger, «un antico guerriero», am Hauslabjoch. Die Bozener Zeitung erscheint am 22. September mit einer Titelgeschichte und einem langen Bericht im Innenteil.

Nachfrage weltweit, aber die öffentliche Anfrage des Innsbrucker Magazins «Stadtblatt» vom 11. November 1992, welche Honorare in welcher Höhe aus den Publikationen an die Anwaltskanzlei Greiter und Kollegen gingen und welche Honorare direkt an die Universität flossen, blieb bis zur Drucklegung dieses Buches unbeantwortet.

Wem die C-14-Stunde schlägt

Das Kapitel «Die Prozession der Forschungssünden» zeichnet den Wissenschaftsskandal nach: daß man nicht wissen wollte, woher der Tote stammt, und keine Fragen an die Molekular-Archäologie stellte. Oder daß man nicht wußte, was man wissen *sollte*. In diesem Kapitel geht es um den Datierungsskandal: Man wollte nur wissen, wie alt der Tote ist, die Datierung der Beifunde wird als störend empfunden – und dafür muß es ja Gründe geben. Wir sind damit beim zentralen Problem, bei den «Missing links» in der «Ötzi»-Forschung: Die Fakten der Glaziologie und der Meteorologie und der Fund-Status des Toten sind unvereinbar. Es gibt keinen datierbaren Zusammenhang zwischen dem auf ein Alter von 5300 Jahren festgelegten Toten und dem Alter all dessen, was er bei sich getragen haben soll, zum Beispiel der Grasschnüre, des Heuschuhs, der Pfeile – Datierungen, die über die Radiokarbonmethode ermittelt werden können. Niemand kann es als Faktum hinstellen, daß die Fundgegenstände aus der Zeit des Toten stammen. Und wer behauptet, die Fundgegenstände sind nur fünf Jahre alt und wurden von Fälschern frei Hauslabjoch geliefert, kann von der «Gletschermann»-Schule nicht widerlegt werden. Weh dem, dem die C-14-Stunde schlägt.

Die geltende Altersbestimmung organischer Substanzen, von Pflanzen wie von menschlichem oder tierischem Gewebe, beruht auf der Radiokarbon-Methode; für Hölzer gibt es auch noch die Dendrochronologie, die Altersbestimmung durch Zählung der Jahresringe, die Klimaschwankungen und andere Faktoren einbezieht. Die Datierung organischer archäologischer Funde durch die Radiokarbon-Methode erfolgt nach diesem Modell: Kohlenstoff (chemisches Zeichen: C) ist ein Grundelement des Lebens, er findet sich in jeder organischen Verbindung. Im Kohlendioxid der Atmosphäre werden einzelne Kohlenstoffatome durch das Bombardement kosmischer Strahlung radioaktiv. Aus dem Hauptisotop ^{12}C (Isotope sind Atome desselben Elements mit unterschiedlicher Masse) entstehen die seltenen Isotope ^{14}C mit einer Halbwertszeit (Abbau der Radioaktivität um die Hälfte) von 5730 Jahren. Dieses ^{14}C wird als Fallout der Atmosphäre von Lebewesen aufgenommen, die Aufnahme endet mit dem Tod des Organismus – Pflanze, Tier oder Mensch – und erlaubt es, über nukleartechnische Verfahren (Beschleunigungsmassenspektrometrie-Methode) den Zeitpunkt des Todes zu errechnen. Es gibt eine Reihe von Imponderabilien, Schwankungen der kosmischen Strahlung oder die durch Atombomben-Explosionen freigesetzte Strahlung, die das Verhältnis des natürlichen ^{12}C zum radioaktiven ^{14}C verändern. Meßwerte müssen deshalb gemittelt (kalibriert) und mit C-14-Konzentrationen in den Jahresringen archaischer Hölzer verglichen werden – trotzdem bleibt die Radiokarbon-Datierung die Hohe Schule in der Altersbestimmung von Funden.

Die Universität Innsbruck beauftragte deshalb folgerichtig vier europäische Radiokarbon-Institute mit der Datierung: Uppsala und Paris mit der Altersbestimmung von Gräsern, Oxford und Zürich mit der Altersbestimmung von Körpergewebeproben – wobei es zu einem ersten methodologischen Schönheitsfehler kommt: Keiner der beauftragten Wissenschaftler ist bei der Entnahme der Proben in Innsbruck anwesend, alle untersuchen sie ihre von dort gelieferten Spezimina auf Treu und Glauben. Mit dieser Feststellung sollen dem Absender keine Fälschungsabsichten unterstellt werden, es sei hier nur der kriminologischen Vollständigkeit halber festgehalten: Der Forscher in Uppsala oder Paris kann sich nicht dafür verbürgen, daß das von ihm zu untersuchende Gras vom Hauslabjoch kommt und nicht aus Feuerland, ebensowenig wie sich die Kollegen in Oxford und Zürich dafür verbürgen können, daß die Gewebeproben aus den Ötztaler Alpen stammen und nicht aus einem chinesischen Kaisergrab oder aus Timbuktu. Die Proben gingen per Post nach Uppsala, Oxford und Paris und mit einem Boten der Universität nach Zürich.

Die zweite Unterlassung, die sich schon nicht mehr als Schönheitsfehler einstufen läßt: Es werden keine Holzproben, und es hätte sich ja nur um wenige Gramm gehandelt, aus dem Stiel der Axt, des wichtigsten Beifundes, freigegeben. Denn nur die C-14-Datierung des Axtstieles hätte die Aussage erlaubt: Wenn der Axtstiel 5300 Jahre alt ist, müßte die Klinge nach menschlichem Ermessen auch 5300 Jahre alt sein und beide könnten somit dem «Gletschermann» zugeordnet werden. Metalle (es sei denn, es fänden sich Kohlenstoffeinschlüsse aus dem Schmelz- oder Bearbeitungsvorgang) lassen sich nicht datieren, auf das Alter von Metallfunden kann nur aus den Altersindizien des Fundort-Ambiente geschlossen werden – und dazu würde der Axtstiel gehören, bei dem wir noch ein wenig verweilen müssen. Wir kommen wieder zu den Erzählungen nach Tiroler Art: Projektleiter «Untersuchung Gletschermann-Artefakte» ist Dr. Markus Egg im Römisch-Germanischen Zentralmuseum Mainz. Er ist ein liebenswerter Mann aus Tirol, der mit seiner Wellenlänge für Humor an die Frequenzen des Hofrats Dr. Unterdorfer heranreicht, welcher beim «Gletscherkatzen»-Faschingsscherz der «Tiroler Tageszeitung» mitspielte, was wiederum Professor Spindler zu seinen Überlegungen über die zweite Gletscherkatzenmumie, «Stubsi» vom Stubaital inspiriert haben dürfte. Dr. Egg erzählt der Welt in einer Oktober-Ausgabe 1992 von «TIME», aber auch in Ernst Probsts Buch «Rekorde der Urzeit» und in «Bild» («Die letzten Minuten des Ötzi rekonstruiert») von einem zweiten «Ötzi»-Bogen, den es überhaupt nicht gibt. Er fabuliert: Der «Gletschermann» habe oben am Hauslabjoch seinen Bogen zerbrochen und sei zur Baumgrenze bei 1800 Meter Höhe abgestiegen, habe sich einen neuen Bogen aus Eibenholz geholt, sei wieder zum Hauslabjoch aufgestiegen und dort gestorben. Wir führen dieses Beispiel nicht an, um einen Wissenschaftler bloßzustellen, sondern um das Informationsniveau von Wissenschaft und Medien – die das ja alles übernehmen oder übernehmen müssen – darzustellen. Auf die ganz simple Frage «Am Hauslabjoch hätten zwei Bogen liegen müssen, der zerbrochene und der neue, wo ist der zweite Bogen?» muß er in entwaffnender Sympathie passen: «Das war eine Anekdote von mir.» Sie steht gleichrangig neben Konrad Spindlers Schnurre von den «flirrenden Föhnwinden» und dem von Reinhold Messner durchs dunkle Eis gesichteten Mokassin.

Die von der Innsbrucker Universität Ende 1991 verschickten Proben von Körpergewebe und Knochenpartikeln, nach offizieller Darstellung dem zerfransten Hüftbereich des Toten entnommen, werden im Institut für Mittelenergiephysik der Eidgenössischen Technischen Hochschule (Dr. Georges Bonani) und im Paul-Scherrer-Institut, beide Zürich, sowie im Research Laboratory for Archaeology and the History of Art (Dr. R. E. Housley), Oxford, nach der C-14-Methode untersucht, wobei es zu Schönheitsfehlern kommt: Das Alter wird zunächst, so hieß es zumindest in Pressemeldungen Anfang 1992, auf 4800 Jahre festgelegt und Wochen später auf 5300 Jahre korrigiert. Und Zürich und Oxford sprechen, was nicht der feinen akademischen Art entspricht, ihre Daten vor der offiziellen Bekanntgabe miteinander ab. Bonani und Housley präsentieren Ende Februar 1992 auf einer Pressekonferenz in Innsbruck das Todesdatum: Um das Jahr 3300 vor Christus, also beträgt das Alter des Toten 5300 Jahre. Die beiden Gelehrten sind sich dabei bis auf wenige Jahrzehnte einig. Sie nennen in dem Dokumentations-Band der Universität Innsbruck, «Der Mann im Eis», später folgende prozentuale Wahrscheinlichkeit für folgende Altersbereiche:

3350 bis 3300 Kalenderjahre v. Chr. 56 %

3210 bis 3160 Kalenderjahre v. Chr. 36 %

3140 bis 3120 Kalenderjahre v. Chr. 8 %

und kommen zu dem Fazit: «Die in Oxford und Zürich durchgeführte Radiokarbondatierung zeigte in Übereinstimmung, daß die Gletscherleiche aus der Jungsteinzeit stammt.» Damit ist es amtlich: Der Universität Innsbruck fehlen plötzlich 1300 Jahre zwischen der Augenschein-Datierung der Axt durch Spindler und den C-14-Messungen der Körpergewebeproben.

Merkwürdig ist, daß von den C-14-Werten der Gräser aus Uppsala und Paris nie die Rede ist, wenn man von der Äußerung Professor Eggs absieht: «Es sind jungsteinzeitliche Gräser.»

Diese Datierungen werden weder auf der Innsbrucker Pressekonferenz Ende Februar 1992 erwähnt, noch erscheinen sie in der Dokumentation der Universität. «Sie wurden nicht veröffentlicht», sagte uns Professor Bonani.

Zweite Frage: «Muß man daraus schließen, daß das Alter des Corpus und das Alter des Fundort-Ambiente nicht übereinstimmen?»

Bonani, und er ist einer der führenden europäischen Radiokarbonologen, der jüngst der römisch-katholischen Kirche mit der Untersuchung von Gewebeproben des Turiner Grabtuches zu schaffen machte, wörtlich: «So ist es.» Aber die Gräserdaten seien mittlerweile korrigiert und würden schon noch einmal publiziert. Außerdem habe man in Zürich bei der aus Innsbruck überbrachten Gewebe- und Knochenprobe ein Gras gefunden, das in Innsbruck versehentlich beigelegt wurde, und habe es gleich mitgemessen – und es sei so alt wie der Tote.

Man kommt aus dem Staunen nicht heraus. Die Gräserwerte aus Uppsala und Paris werden zurückgehalten, weil sie offenbar nicht in die «Gletschermann»-Geschichte passen, in Zürich wird ein verirrtes Grasblättchen aus Innsbruck gemessen, aber der gemeinsame Forschungsbericht der Institute von Zürich und Oxford erwähnt dieses Gras mit keinem Wort. Auf minuziöseste Weise wird beschrieben, wie die Gewebeproben und die Knochenpartikel in destilliertem Wasser mit Ultraschall, Säure und Laugen gereinigt wurden, um «allfällige Kontaminationen mit Karbonaten und Huminsäuren zu eliminieren», wie sie zu Kohlendioxid oxidiert und anschließend mit Hilfe einer katalytischen Reaktion an Kobalt zusammen mit

Wasserstoff zu graphitähnlichem Kohlenstoff reduziert wurden – nur der gräserne Irrläufer fehlt. Da wankt der Glaube an die Wissenschaft.

Da der Axtstiel nicht mit Hilfe von ^{14}C datiert wurde und die Gräser-Datierungswerte aus Uppsala und Paris zurückgehalten werden, also alle Altersinformationen über die pflanzlichen Substanzen der Beifunde vom Hauslabjoch unerwünscht sind, sei noch der Hinweis erlaubt: Unter Antiquitätenhändlern gelten Südtiroler als Weltmeister in der Kunst der Holzalterungs-Fälschung. Sie präparieren das Holz in Jauche-Lösungen, behandeln es nach Hausrezepten – und zaubern dann gotische Madonnen in die Vitrinen gutgläubiger Sammler.

Die Kastration – Stolpern über ein Nichts?

Wir müssen über diese Dinge sprechen, sie betreffen den Genitalbereich des Toten. Wie kann ein Toter kastriert aus einem Gletscher hervorgehen? Wir entschieden uns, trotz aller Pietät diese Frage zu stellen. Denn auch sie könnte das Ende dieser archäologischen Groteske beschleunigen und dem Toten seinen Frieden wiedergeben. Die Kastration des Toten und seine Tätowierungen auf dem Rücken, die im nächsten Kapitel behandelt werden, sind im Zusammenhang zu sehen: Sie betreffen die Herkunft des «Ötzi» und bieten die Chance, ihn in einen mythologisch-kulturellen Hintergrund bestimmter Völker einzuordnen. Die «Ötzi»-Forscher gingen dieser Frage bisher aus dem Weg. Die Kastration ist eine Tatsache, aber die Details werden verschwiegen, und die Möglichkeit, Tätowierungen aus verschiedenen Kulturräumen zu vergleichen, wird ignoriert.

Es ist bemerkenswert, wie die «Ötzi»-Forschung etwas Nichtvorhandenes zu umgehen versteht: nämlich die fehlenden Hoden und den fehlenden Penis des Toten. Nur der ausgeschälte Hodensack ist vorhanden. «Schau mal her», sagte Hofrat Dr. Unterdorfer am Tag nach der Einlieferung der Mumie in das Gerichtsmedizinische Institut der Universität zu dem Ko-Autor dieses Buches, Werner Nosko, «da waren die Eier drin!»

Allein der Umstand, daß der Tote vor seinem Tod offenkundig auf fachmännische Weise kastriert worden war – weder der Gletscher noch die Eispickel während der Bergung können die Hoden entfernen und einen Hodensack zurücklassen –, stellt die gesamte «Gletschermann»-Geschichte in Frage. Denn im alpinen Raum gab es keine Kastrationsriten aus religiösen oder anderen kulturellen Gründen – wohl aber im Mittelmeerraum und in Vorderasien.

Daß auch der Penis nicht etwa erst bei der Bergung am Hauslabjoch verlorengegangen sein kann, belegen die Videobilder vom Montag, dem 23. September 1991, am Hauslabjoch im Detail ebenso wie die Nahaufnahmen vom Genitalbereich, die am Dienstag in der Innsbrucker Pathologie gemacht wurden: Es gibt keine Bruchstelle, keinen Riß, nichts, nur einen lederartig mumifizierten Hodensack.

Die Fernsehaufnahmen von der Bergung am Montag zeigen: Der Tote liegt bäuchlings an der Fundstelle. Ein Helfer pickelt ihn vollends frei. Gesäß und Becken der Mumie – sie ist in Bauchlage – hätten den Genitalbereich vor Pickelhieben geschützt; die Hüfte war nur links getroffen worden, vom Schrämmhammer am Freitag. Der Innsbrucker Chefpathologe

Henn steht zu Füßen der Mumie. Der Tote wird dann angehoben – vom Bergwachtmann mit dem Pickel am Oberarm und von Professor Henn, der an den Füßen anfaßt – und umgedreht.

Ein armseliges Menschenbündel liegt jetzt rücklings im Schnee. Und in diesem Augenblick geschieht etwas Merkwürdiges: Henn beugt sich nach vorn und tippt in einer spontanen Handbewegung mit dem Finger an den Genitalbereich des Toten. Es war ihm also etwas aufgefallen: Der Penis fehlte, aber es gab keine Bruchstelle. Wenn es eine Bruchstelle gegeben hätte, müßte ein im Eis-Schnee-Gemisch der Fundstelle verklumpter Penis abgebrochen sein.

Die Bilder sind, in der Spontaneität der Armbewegung Henns, so eindeutig. Sie sagen: Etwas stimmt nicht im Genitalbereich, aber wir brauchen hier an der Fundstelle nicht nach einem abgebrochenen Penis zu suchen.

Es wird noch merkwürdiger. Auf die Frage, was ihn zu dieser spontanen Bewegung veranlaßt hatte, was er in diesem Augenblick gesehen oder nicht gesehen hatte, antwortete der Chefpathologe des Bundeslandes Tirol, Rainer Henn, im Frühjahr 1992: «Dazu will ich mich nicht äußern.» Zu dieser scheinbar unverständlichen Antwort gibt es nur ein Motiv und zwei Erklärungen: Die Tatsache, daß der Tote vom Hauslabjoch – der prähistorische Jäger oder Hirte oder Erzsucher – vor seinem Tod entmannt worden war, der Kastrat, der aus der Kälte kam, paßt nicht ins Bild und hätte Forschungsaufträge gefährdet. Entweder unterlag der Chefpathologe des Bundeslandes Tirol mit seiner Antwort «Dazu will ich mich nicht äußern» einer Sprachregelung der Universität, oder er half aus Solidarität seiner Universität, ein Manko, die fehlenden Genitalien, zu vertuschen.

Die Universität wiederum nimmt später in ihrer Presseaussendung vom 16. März 1992 Reinhold Messner gegen den Verdacht in Schutz, er habe den Penis des Toten vom Hauslabjoch beschädigt. Wer anders denke, mache sich «bewußte(r) Irreführungen» oder «falschverstandene(r) Ausdeutungen» schuldig. Gez. Professor Dr. Konrad Spindler.

Wie sorgsam die «Ötzi»-Forschung im folgenden die Frage der Kastration ausspart, zeigt die Veröffentlichung «Sternstunde der Wissenschaft» von Professor Dr. J. Szilvássy, Dr. C. Stellwag-Carion vom Institut für Gerichtliche Medizin Wien und Dr. W. Heinrich, Österreichische Akademie der Wissenschaften, in der Zeitschrift «Diagnostica» der Pharma-Firma Boehringer/Österreich. Es handelt sich um eine Studie aus dem Wissenschaftstempel der Thanatologie, der Lehre von den Ursachen und Umständen des Todes. Der Status der Augenlider wird quasi im Millimeter-Bereich beschrieben («vertrocknet»), die Oberlippenschleimhaut wird beschrieben («zeigt links von der Mitte einen großen Weichteildefekt und ist, ebenso wie die Unterlippenschleimhaut, schwärzlich verfärbt»), der Hals wird beschrieben («ist gedrungen und kurz»), die Bauchdecke («eingesunken und weit unter dem Brustkorbniveau, so daß die Schoßfuge und die Schambeinäste weit nach vorne herausragen, wobei die Bauchdecke in den inneren Abschnitten bzw. in der Beckenregion noch etwas tiefer erscheint als in der Oberbauchregion»), die Autoren nähern sich, abwärtssteigend, dem Kastrations-Komplex – und huschen mit wenigen Worten darüber hinweg: «Vom äußeren Genitale sind nur noch Rudimente vorhanden.» Sonst nichts.

Ähnlich liest sich ein Referat «Der Eismann aus der Sicht der radiologischen und computertomographischen Daten», vorgetragen auf dem Internationalen Symposium «Der Mann im Eis», im Jahr 1992. Die Beschreibung führt gleichfalls körperabwärts: «Beim Schädel innerhalb der Kalotte weichteilige Verschattung... Lunge geschrumpft, rechts noch teilweise Reste der Pleura visceralis... Bandscheibenräume auffallend schmal, vereinzelte Vacuumphänomene.» Die Beschreibung nähert sich dem Becken: «Hüftkopf auf der linken Seite aus der Pfanne gerutscht und nach oben luxiert... subchondrale Strukturen etwas stärker sklerosiert...» Und dann müßte es eigentlich kommen: das Phänomen der fehlenden Genitalien, von denen nur der Hodensack blieb, die Fragen nach Bruchstellen und Operationsnarben. Aber die Autoren heben, der Vergleich sei gestattet, mit ihrer Darstellung vom Beckenbereich ab wie von einer Sprungschanze, überfliegen die Genitalzone und landen in ihrer Fortsetzung ihrer Darstellung auf den Kniegelenken des Toten.

Solche Zurückhaltung erstaunt sehr, weil eine Kastration für die Einordnung des Toten in einen Kulturraum so wichtig sein könnte wie die Frage nach seinen Tätowierungen, deren Beschreibung sich andere Autoren mit Hingabe widmen, freilich ohne Vergleiche anzustellen. Für die bereits erwähnten Hirschlausfliegen in den Beifunden und ihre «Habitatansprüche» (siedelten sie in der Fellkleidung, oder fielen sie «Ötzi» direkt an, und kamen sie gleichzeitig mit dem Toten ins Eis?) wird ein eigener Forschungsauftrag erteilt, der u. a. eine rasterelektronenmikroskopische Aufnahme der Kurzkralle der Hirschlausfliege erbringt. Der Kastrationskomplex hingegen wird verdrängt, obwohl das nicht vorhandene Glied monatelang durch die Presse geistert: von Souvenirjägern am Hauslabjoch gestohlen, nicht gestohlen, gefunden, doch nicht gefunden, also vielleicht doch gestohlen...

Professor Spindler antwortet im August 1992 auf die sehr dezidierten Fragen nach dem Entmannungsproblem

- War der Tote kastriert?
- Wenn nicht, war der Tote vielleicht ein Zwitter, ein religiös verehrter Hermaphrodit?
- Wie verliefen die Harnwege, wie konnte der Tote vom Hauslabjoch überhaupt urinieren?

mit sechs Worten: «Wir warten noch auf die Gewebeproben.»

Diese Antwort, auch wenn sie marginal erscheint, verdient eine Würdigung. Sie stammt zwar von einem Archäologen, aber immerhin von einem Mann, der für sich in Anspruch nimmt, alle in Innsbruck gewonnenen oder in Innsbruck zusammenlaufenden europäischen «Ötzi»-Forschungserkenntnisse zu überblicken, und aus diesem Überblick ein Publikationsmonopol ableitet. Sie entspricht, wenn man fragt: «Wie viele Äpfel haben Sie noch im Regal?» der Antwort: «Wir haben unsere Birnen noch nicht gezählt.» Eine Frage zur Anatomie (Verlauf der Harnwege) wird mit einem Verweis auf den histologischen Bereich (Gewebeproben) beantwortet.

Der gesamte Körper des Toten vom Hauslabjoch wurde computertomographisch untersucht, über die Innsbrucker Public-Relations-Agentur «Ethik & Kommunikation» bietet die Universität der Presse dreidimensionale Aufnahmen vom Gehirn der Mumie zum Höchstgebot an. Der Computertomograph hat den Toten in allen Körperschichten durchwandert und durchmessen, aber eine Gewebeprobe, also ein Hautpartikel vom Hodensack, soll sagen: Der Harnleiter verläuft so und nicht so.

Das ist «Ötzi»-Forschung live.

Da ist die Auskunft von ass. Professor Dr. Leitner vom Innsbrucker Institut für Ur- und Frühgeschichte schon aufschlußreicher: «Mit der Kastration haben wir noch ein Problemchen.»

Das «Problemchen» könnte darin bestehen, daß das Fehlen von Penis und Hoden die Verfechter der schönen Mär vom «Alpen-Adam» stolpern läßt – vor allem, wenn man Kastration, die Tätowierungen des Toten und Hinweise auf Schamanentum des Toten im Zusammenhang sieht. Denn allein diese drei Komplexe legen den Schluß nahe: Der Tote kommt aus einem fernen, fremden Land. Und nicht aus dem Schnalstal oder aus dem Ötztal. Und somit auch nicht aus einem Gletscher. Er wurde deponiert.

Wir begeben uns in eine Welt – und unsere Gedanken über Kastration, Tätowierungen und Schamanentum führen in einer wundersamen Reise vom Hauslabjoch weg – über den Mittelmeerraum und den Vorderen Orient bis zum sibirischen Altai-Gebirge, wo tote Zeugen in ihren Permafrost-Gräbern warten. Dies war die Welt der archaischen Mutter-Göttinnen, der Magna Mater, die durch Penisopfer – die Kastration des Mannes – versöhnlich gestimmt werden konnte. (Die Göttin Kybele in Phrygien, die sich nach der Überlieferung die Genitalien ihrer Priester opfern ließ.)

Es war eine weibliche Welt: Athene von Athen, Aphrodite auf Zypern, Artemis auf Kreta, die Göttin Demeter in Eleusis, Hera, Hekate, die altägyptische Königin Isis. Im vorgeschichtlichen Hypogäum auf Malta, einer unterirdischen Totenstadt, fanden sich fast nur die Gräber von Priesterinnen, bis auf wenige Männerskelette.

Es war ein weiter Weg aus jenen Zeiten, in denen Priester ihre Genitalien opferten, um in den Tempeln der Großen Mütter dienen zu dürfen, hin bis zur patriarchalischen Revolution, die den Gottvätern zum Durchbruch verhalf und auch in der Bibel an einer Stelle aufscheint, in einer winzigen Passage, Jesaja 34,14. Da ist von einem «Nachtgespenst» die Rede:

Lilith. Nach apokryphen Quellen war Lilith Adams erste Frau, Gottvater formte sie wie Adam aus Erde. Nach diesen Quellen hatte Lilith gegen Adam aufbegehrt, sie erhebt sich in die Lüfte, spricht den unaussprechbaren Namen Jahwes aus und fliegt davon. Adam fordert von Jahwe sein Weib zurück, Jahwe verfolgt sie durch drei Engel, Denoi, Sansenoi und Samoglaph, über das Rote Meer hinweg – dort, wo später das Heer der Ägypter nach dem Willen des Moses in den Fluten untergehen sollte. Die Engel ergreifen sie, und Jahwe überantwortet sie dem Satan.

Und es war ein seltsamer Weg: Gottvater gewinnt gegen Gottmutter, aber die archaischen Kastrationszwänge bleiben: «Selbst lange nach dem Ableben der Göttin und ihrer Priesterinnen (sind) die Priester ihres Nachfolgers, des Gottes, weibisch», schreibt ein Religionshistoriker und denkt dabei unter anderem an die Kirchengewänder christlicher Priester und an Kastraten-Stimmen in der Kirchenmusik.

Diese verinnerlichte Entmännlichung, im Christentum unblutig als asketische Keuschheit durchlebt, wurzelt nicht nur in der Furcht vor der Großen Mutter, sondern auch im persischen Manichäismus – Uta Ranke-Heinemann hat ein umstrittenes Buch geschrieben, «Eunuchen für das Himmelreich» –, in der Gnosis («Erkenntnis»): Alle Materie sei böse. Jeder Körper halte einen göttlichen Funken gefangen, der «sinnbegabte Leichnam (ist) das Grab, das du mit dir herumträgst». Und wer ein Kind zeugt, zeuge ein Gefängnis. Römische Kaiser, unbelastet von Sexual-

Neurosen, stellten Selbstkastration von Christen unter Strafe.

Wir erwähnen diese Bereiche, weil sie für die Gesamtschau wichtig sind: Kastration und Tätowierung des Toten vom Hauslabjoch hängen zusammen, sie wurden nicht in Bozen oder Talfers oder Sölden vorgenommen. Daraus folgt: Der Tote kam von weit her. Homo tirolensis ist er nicht.

Blaue Signale – wirklich aus dem Nirgendwo?

Ein kastrierter Tiroler Jäger mit Tätowierungen auf dem Rücken schleppt einen kiloschweren Köcher mit vierzehn Pfeilen, von denen nur zwei gefiedert und damit schußfertig sind, hinauf in die dünne Luft des Hauslabjochs, in 3200 Meter Höhe, in die Wetterwechsel-Hölle von «flirrenden Föhnwinden» und Eisstürmen. Er trägt einen Bogen mit sich, der auch ein Stab sein könnte; er ist grob bearbeitet, ist nicht bespannt und weist nicht einmal Kerben für eine Bespannung auf. Die beiden Tiersehnen in der Ausrüstung des «Gletschermannes» wären zu kurz, um einen etwa 1,80 Meter langen Bogen zu spannen, der Jäger müßte auf seine Grasschnüre zurückgreifen. Der Jäger verzehrt ein Steinbocksteak und stirbt. Daß es ein Steinbocksteak war, wird aus zwei zentimetergroßen Knochenteilen geschlossen, die von Innsbruck aus an das Römisch-Germanische Zentralmuseum in Mainz gingen. Morphologische Vergleiche mit der Skelettsammlung von Wildtieren ergeben, daß es sich um den vierten und fünften Halswirbel eines männlichen Steinbocks handelt. Doch es gibt keine Datierung der Knochenfragmente und damit keine Zuordnung zum Fund. Dies alles ist so unglaublich bizarr – allein die beiden Beispiele: Der Jäger ohne Waffen, das Steinbocksteak –, aber wir geben diese Dinge so wieder, wie sie von Instituten des europäischen Forschungsverbundes «Der Mann im Eis» der Öffentlichkeit präsentiert werden. Auf die Frage, ob man versucht habe, den Toten aufgrund seiner Tätowierungen – hinzu kämen auch Erkenntnisse aus dem bisher nicht vorgenommenen Kastrationsbefund – in einen Kulturraum einzuordnen, antwortete Professor Spindler im August 1992: «Nein. Ach, wissen Sie, Menschen haben sich zu allen Zeiten und in allen Kulturräumen tätowieren lassen. Denken Sie nur an Gefangene in Strafanstalten.» Doch es gibt nicht nur Gefangene in Strafanstalten, es gibt auch Gefangene in wissenschaftlichen Thesen-Hochhäusern.

Der Tote, kein neuzeitlicher Häftling, trägt eine Botschaft an seinem Körper: Tätowierungen, die mehr sein müssen als ein Ornament für das Auge. Die Autoren Professor Dr. J. Szilvássy, Dr. C. Stellwag-Carion und Dr. W. Heinrich haben sie – Bilder von den Tätowierungen gehören mittlerweile zur Copyright-Verschlußsache der Universität Innsbruck – mit der Gnade des frühzeitigen Einblicks in die Innsbrukker Kühlkammer in der Zeitschrift «Diagnostica» dennoch sehr präzise beschreiben können, ohne daß sie diese Zeichen allerdings gedeutet hätten. «Am

Rücken, links von der Wirbelsäule, heben sich deutlich sichtbar vier artifizielle Linienmuster ab. Die oberste Gruppe besteht aus vier kurzen parallelen Linien in der Höhe des ersten und zweiten Dornfortsatzes der Lendenwirbelsäule... Darunter befindet sich eine Gruppe aus drei ebenfalls vertikalen Strichlinien. Unter ihr schließt sich in kleinem Abstand und etwas medial versetzt eine weitere Dreiergruppe von parallelen Strichen an... Im rechten Lendenbereich findet sich eine Gruppe senkrechter kurzer Linien, Strichgruppen auch am rechten Fuß. Am linken Knie trägt der Tote ein Zeichen in Form eines breiten, aus etwas unregelmäßigen Balken gebildeten Kreuzes. Die Zeichen, offenbar über Holzkohlepartikel in Stich-Tätowierung eingeprägt, sind in den Farbtönen Dunkelblau bis Blauschwarz.»

Diese Strichzeichen, diese Morse-Codes in der Haut des Toten, berühren die Gedanken – die Empfindungen wie die Logik. Die blauen Signale, kommen sie wirklich aus dem Lande Nirgendwo? Könnte man sie nicht – wenn erwünscht – dechiffrieren, wie den Stein von Rosette, der uns die Welt der Hieroglyphen lesen ließ?

Es ist seltsam: Reinhold Messner denkt zwischen Abstieg vom Hauslabjoch und Anruf bei «Alto Adige»-Redakteur Danieli über einen Ritualmord nach: Ein Soldat wird die Felsen hinaufgeschleppt, von einer Lanze getroffen und hinabgestoßen. Und in Telfs bei Innsbruck denkt Professor Heinrich Tilly, Bildhauer und Mythologe, seit dem Fund in aller Eindringlichkeit über den Toten vom Hauslabjoch nach. Für seinen Kollegen Hans Haid ist der Tote der «Jäger aus dem Hinteren Eis», für Tilly ist der Tote ein Schamane aus den Bergen, der einen Ritualsuizid beging.

Wir verweilen ein wenig in der Welt des Heinrich Tilly, weil sich die Fragen um den «Gletschermann» nicht auf das Kalibrieren von C-14-Werten und auf proteinchemische Untersuchungen von Haarstrukturen beschränken sollten. Es gibt Gedanken- und Empfindungskontinente jenseits der Ratio, die es verdienten, von der Wissenschaft einbezogen zu werden: In Tirol lebt noch in unseren Tagen ein archaischer, aus rätischen Zeiten herrührender und in seinen Bildern faszinierend-erschreckender Kult: das Schemenlaufen in Imst und das Schleicherlaufen in Telfs. In Imst vertreiben als Frauen verkleidete Männer in Umzügen den Winter, mit den obszönsten Beckenbewegungen, wenn sie die umgeschnallten Glocken schütteln. In Telfs vollbringen (wir zitieren aus einem Brief von Heinrich Tilly) Priester (die Schleicher) in einer genau festgelegten Zahl im Februar bei Neumond einen dreitägigen kultischen Tanz um einen Jüngling (Laternentrager), der sein eigenes Grablicht (Lutrarna) vor sich herträgt, getötet, verbrannt und begraben wird, wobei der letzte Priester (das Besele) die Aufgabe hat, die Asche zusammenzukehren, mit der sich die Priester beim nächsten Schleicherlaufen die Gesichter einschmieren.

Daß der kastrierte und tätowierte Tote vom Hauslabjoch ein Schamane gewesen sein könnte, der mit

Scheinwaffen gegen die Geister kämpfte und sich opferte, diese in ORF-Interviews und Zeitungsinterviews diskutierten Überlegungen lösten in der Öffentlichkeit mehr Nachdenklichkeit aus als in der Wissenschaft. Für die Schamanen-These spricht in der Tat das Scheinwaffen-Arsenal. In aller Welt, von Sibirien bis Nordamerika, blufften Schamanen die Geister – Bogen und Pfeile waren für sie auch ein Symbol des magischen Fluges, wie der Besen für die Hexen. Und für die Schamanen-These spricht der Umstand, daß am Hauslabjoch zwei gelochte, mit Lederstreifen durchzogene Baumschwämme gefunden wurden. Es handelt sich um Birkenporlinge, von denen man ursprünglich annahm, sie hätten als Zunderschwamm zum Feuermachen gedient, bis dann der Gedanke an eine Reiseapotheke des «Ötzi» aufkam: Birkenporlinge enthalten blutstillende, antibiotische und halluzinogene Wirkstoffe.

Mit Pfeil oder Hexenbesen durch die Lüfte zu reiten: die «Ötzi»-Forschung hat die «Blauen Signale» vom Rücken des Toten bis zur Stunde ignoriert. Dabei gibt es verblüffende Übereinstimmungen zwischen seinen Strichtätowierungen und sehr seltenen Drudenzeichen. Diese Zeichen finden sich auf dem Wittelsbacher-Schloß Ringberg am Tegernsee in Oberbayern. Der Ringberg war nach der Überlieferung ein Hexentanzplatz. Als Herzog Luitpold von Bayern um die Jahrhundertwende hier ein Schloß erbaute, beauftragte er den Maler Franz Attenhuber, ein Hexenzimmer zu schaffen. Attenhuber befaßte sich in seinen

Vorarbeiten intensiv mit dem Hexenkult und entwarf sechs Wandteppiche, die Hexen mit Drudenzeichen zeigen: keine Pentagramme, kein Drudenfuß, sondern Parallelstriche. Die Hexen tragen sie am Oberarm und am Unterschenkel und verrieten sich durch diese Zeichen, wenn sie sich nach dem nächtlichen Ritt am Dorfbrunnen wuschen. Diese Ähnlichkeit könnte nun auf gemeinsame mythische Wurzeln des «Ötzi» als Homo tirolensis und von Hexen im alpinen Raum hindeuten, aber sie muß es nicht. Hexen entsprangen nicht allein europäischem Dämonen-Glauben, die «Hagazussa» im Altnordischen, die «Zaunreiterinnen», die durch die Lüfte fahren, sich in Tiere verwandeln können und – was sie über das Mittelalter hinaus zehntausendfach das Leben auf dem Scheiterhaufen kostete – mit dem Teufel buhlen.

Die Übereinstimmung der Tätowierungen des «Gletschermannes» und der Hexen-Tätowierungen führt mit der gleichen Wahrscheinlichkeit in den mediterranen Raum, wo es auch diese Strichornamente gibt, zum Beispiel an den Oberschenkeln einer weiblichen Terrakottafigur aus der Späten Bronzezeit (Cyprus Museum, Nikosia).

Ein Vergleich von Tätowierungen hätte die «Ötzi»-Forschung noch weiter führen können, zu den skythischen Permafrost-Gräbern im Altai-Gebirge. Einer der Toten aus den Altai-Gräbern trägt am Rücken, links von der Wirbelsäule, drei senkrecht angeordnete Punkte, rechts von der Wirbelsäule drei senkrecht angeordnete Punkte – etwa in der gleichen Höhe wie die

Strichtätowierungen des Toten vom Hauslabjoch. Damit hätte sich freilich, bei einem Vergleich, die Frage gestellt: Wie kommt ein Tiroler Steinzeitsiedler zu Füßen des Burgfelsens von Juval zu einem sibirischen Tätowierungsraster oder der Tote im Altai-Gebirge zu einem Tiroler Tätowierungs-Design?

Der Zug der Mumien

Wie also kommen die Ötztaler Alpen zu einer Mumie, die sie ja nicht selbst hervorgebracht haben können? Diese Frage läßt sich nicht beantworten, weil sie irgendwann zu der unbeweisbaren Schlußfolgerung führen würde: Reinhold Messner hat den Toten am Hauslabjoch niedergelegt. Oder waren es die Bergtouristen Helmut und Erika Simon aus Nürnberg? Oder Messners Freundeskreis, der dem Extrem-Alpinisten einen yetihaften Streich spielen wollte?

Dies alles kann und darf nicht sein. Bleiben wir bei der Formulierung des Chefs der Innsbrucker Gerichtsmedizin, Professor Dr. Rainer Henn, der achtzehn Jahre lang jeden Gletschertoten, den die Tiroler Alpen freigaben, zu Gesicht bekam und weiß, wie Gletschertote aussehen – nämlich nicht so wie der Tote vom Hauslabjoch. Wir wiederholen, was Henn im September 1991 laut ORF sagte: «Für mich hat ein Spaßvogel die Mumie da oben deponiert.» Doch wie kommt ein Spaßvogel zu einer Mumie? Es gibt drei

Möglichkeiten: Mumien werden gefunden, oder sie werden transportiert, oder sie werden produziert.

Im Jahr 1986 findet der aus Peru zurückkehrende Münchner Bergsteiger Ernst-Eugen Stiebritz, nachdem er unbeschwert die Zollkontrollen in Lima wie am Flughafen München-Riem durchschritten hatte, in seinem Gepäck die Mumie eines Inka. Der Tote, noch mit einigen Kolibrifedern geschmückt, hockt mit angezogenen Knien, die Hände an die Schläfen gelegt, im Seesack des Reisenden.

Stiebritz später in einem ZDF-Film mit nachgestellten Szenen aus der Zollabfertigung in München-Riem: «Ich mußte mich des Toten doch auf eine anständige Weise entledigen... außerdem weiß ich, daß Mumienschmuggel verboten ist.» Er verpackt die Mumie in einen Karton und schickt sie, Portokosten 9,20 DM, an die Redaktion der Illustrierten BUNTE in München. Die Redaktion verständigt die Kriminalpolizei, die abwinkt, und veröffentlicht eine Titelgeschichte: «Der tote König, der mit der Post kam.»

Wie kam der Alpinist Stiebritz zu der Mumie? Vor Jahren, erzählt er in der «Bunten», wollte er in Peru einen hohen Berg besteigen, seine Expedition kommt vom Weg ab und findet sich beim Biwakieren auf etwa fünftausend Meter Höhe in den Resten einer Inkastadt mit Grabstätten und Festungsmauern wieder, etwa zehn Quadratkilometer groß. Stiebritz wird Hobby-Archäologe und kehrt immer wieder zu dieser hochgelegenen Stätte zurück, wo Inka-Fürsten ihre Lieblingsfrauen und Kinder in Kriegszeiten in Sicherheit gebracht hatten. Er lernt Spanisch, kommt in Kontakt mit den Indios und freundet sich, wie er sagt, mit dem Eseltreiber Daniel an. Über Jahre hinweg wird er Zeuge, wie Indios in ihrer Not, zu einem Tageslohn von zwei Mark, Inkagräber plündern, und versucht, dieser Verwüstung peruanischer Kulturdenkmäler Einhalt zu gebieten. Seine Vorstöße in deutschen Redaktionen bleiben ohne Echo – bis eben der tote König mit der Post nach München kam, sozusagen auf den Schreibtisch des damaligen «Bunte»-Chefs Peter Boenisch.

Die Redaktion ist elektrisiert, die deutschen Behörden geben sich besorgt, weil der Artikel peruanische Nationalgefühle verletzen könnte, der Verlag zahlt Stiebritz fünftausend Mark, die er für seinen Freund Daniel in Peru bestimmt, damit dieser sich ein Steinhaus bauen kann und mit seinen Kindern nicht mehr in Lehmbehausungen leben muß, die keinen Regen überstehen. So bewährt sich Dankbarkeit auf Erden, denn Dankbarkeit – so Stiebritz – sei das Motiv gewesen, das die Hochland-Indianer veranlaßte, ihm ohne sein Wissen den toten Inka-König in den Seesack zu schmuggeln. Stiebritz kam übrigens noch einmal zu einer Mumie im Gepäck. Als bei der Öffnung eines Inka-Grabes ein großes Bündel farbiger Wolle gefunden wird, bittet er, nach seinen Worten, die Wolle zur Karbon-Altersdatierung nach Europa mitnehmen zu dürfen – und was findet er zu Hause in der Wolle? Eine peruanische Baby-Mumie. Ein Bergsteiger kommt also aus den Anden zurück, hat einmal einen toten

Inka-König im Gepäck, ein andermal eine Baby-Mumie und geht mit ihnen ungehindert in München-Riem durch den Zoll. Dies als Beispiel für Mumientransfer in unseren Tagen.

Daß ein Händler dem Bergsteiger Stiebritz für die Königsmumie aus Peru 15000 Mark geboten haben soll, für eine Privatsammlung in Frankreich, läßt nach der Attraktivität dieses morbiden Marktes fragen: Mumiensucht scheint der Sehnsucht nach Unsterblichkeit zu entspringen. Wäre es anders, hätte der Tote vom Hauslabjoch die Welt nicht so bewegt. Und diese Sehnsucht, ein verschütteter Glauben an die Unsterblichkeit, trieb den vergessenen Exodus ägyptischer Mumien nach Europa an. Sie kamen noch im vergangenen Jahrhundert zu Tausenden mit dem Schiff heimlich nach Hamburg. Oder sie landeten in Genua, Ragusa und Venedig und wurden auf dem Landweg über Italien via Alpen nach Deutschland geschmuggelt, um hier in den Mörsern der Apotheken zu dem Wundermedikament «Mumia vera aegyptiaca» zerstoßen und zermahlen zu werden.

Das «Synonyma-Lexikon der Heil- und Nutzpflanzen» von Franz Berger führt Mumienpulver noch als Medikament an: vom Landvolk verwendet als Hämostatikum bei Blutungen von Haustieren. Von Malern verwendet für Lasuren bei Ölmalereien. «Mumia vera aegyptiaca» war allgegenwärtig, an der blutenden Schulter einer Ziege wie über dem Gesicht einer Mona-Lisa-Kopie. Aber sie war viel mehr: Mumien-Pulver auf der Zunge zergehen zu lassen, mit Ziegenmilch zu trinken oder einzureiben, das war Leben, das symbolisierte noch im vorigen Jahrhundert Kraft, die aus den Toten kam.

In der Steinzeit Afrikas und Asiens wurden die Toten in der Wüste mit Beigaben in Gruben gelegt und mit Sand bedeckt. Der Sand entzog dem Körper die Flüssigkeit und konservierte ihn so perfekt, daß man glaubte, die zurückkehrende Seele würde den Toten erkennen und wieder in ihm wohnen. Eine fünftausend Jahre alte Sandmumie im Britischen Museum – sie hat zwar die Beine angezogen, im Gegensatz zum Toten vom Hauslabjoch, liegt aber in der gleichen Haltung auf dem linken Arm – wirkt so lebendig, daß man ihr einen Namen gab: «Ginger» (Ingwer) – wegen des roten Haares. Spätere hochraffinierte Balsamierungstechniken Ägyptens sollten vor allem das Herz des Verstorbenen für die Ewigkeit retten, zum Beispiel für den Tag, an dem er vor das Totengericht tritt, um sein Herz wägen zu lassen. Wenn die guten Taten in seinem Leben überwogen, durfte er eintreten in das ägyptische Jenseits. Das Gehirn war nicht wichtig, es wurde mit Haken durch die Nase entfernt und weggeworfen, wie auch die meisten Eingeweide.

Es war das Herz, eingeschlossen in eine Körperhülle, die von der Balsamierungschemie hinübergerettet werden sollte ins Jenseits: Natronbäder, Wirkstoffe des Zedernbaumes und andere Harze, Aloe, Myrrhe, Bitumen vom Toten Meer und das Erdpech (Asphalt) aus Persien, das auch den Namen gab: «Mum», arabisch «mumiya», den dann die islamischen, später auch die europäischen Ärzte übernahmen. Mumia, der einbalsamierte menschliche Körper, wird mit seinen mineralischen und pflanzlichen Wirkstoffen aus dem Balsamierungsprozeß zum Universalheilmittel, es wird pulverisiert und mit Mehl, Wein, Milch oder Pflanzensud verabreicht.

Es gab dabei zwei Überlegungen: Wenn das kostbare persische Erdpech Mumia nicht zur Verfügung steht, kann man es sich aus den Mumien holen – die Körperhülle dient nur noch als Behälter für die eingegebenen Zauber-Ingredienzien; und wenn eine Mumie komplett zermahlen wird, vom Haupt bis zu den Zehen, dann muß «Mumia vera aegyptiaca» auch allen Körperteilen des Konsumenten helfen.

Das «Mumienmehl» versprach alles, wovon Menschen in ihrer Sorge um Gesundheit und Leben träumen. Das «Kreuterbuch» des Adamo Lonicero, erschienen 1679 in Frankfurt, nennt unter anderem folgende Indikationen: «Aufstoßen, Hauptweh, Halßgeschwer, Miltzsucht, Scorpionstich, Blutzfluß, Versehrung der Blasen, Niern, Mannsröhre und dient auch denen, so den Harn nicht halten können.»

Der Bedarf Europas an Mumien als medizinischen Rohstoffen wächst über die Jahrhunderte, und stumme Heerscharen aus den Gräbern werden über das Mittelmeer verschifft gen Norden, auch die Mumien ärmerer Menschen, die nur mit Asphalt ausgegossen waren, schließlich die «Weißen Mumien», die ganz unbehandelten Toten aus den Wüsten Ägyptens. Die Lieferanten geraten in Schwierigkeiten. Jüdische

Mumienhändler in Ägypten beginnen mit ihrer eigenen Mumien-Produktion, um den Bedarf zu decken: Leichen von natürlich Verstorbenen oder Gehenkten werden Gehirn und Eingeweide entnommen, die Körper mit asphaltgetränkten Tüchern ausgestopft, zwei bis drei Monate gelagert und dann exportiert, obwohl österreichische Ärzte und Apotheker den Markt zu entlasten versuchen: Sie machen während der Türken-Kriege «Mumia» aus gefallenen türkischen Soldaten. Der Feldscher des «Großen Kurfürsten», Johannes Dietz, berichtet: «...Sie waren so verbaset (die Türken) und irre, daß ich selbst gesehen, daß sie dasaßen auf dem Pferd... ihre Augen gen Himmel gerichtet und ließen sich totschießen wurde auch keiner bei dem Leben gelassen, sondern alle massakrieret und meist die Haut abgezogen, das Fett ausgebraten und die *membra virilia* abgeschnitten und große Säcke voll gedörret und aufbehalten. Als woraus die allerkostbarste *mumia* gemacht wird...»

Hauptlieferant aber blieb Ägypten. Die Preise waren mitunter so hoch, daß etwa die Stadt Hamm, die sich keine Mumie aus eigenen Mitteln leisten konnte, Mumien-Aktien ausgab. Der große Arzt Paracelsus förderte den «Mumia»-Boom nach Kräften. Nach seiner Lehre geht aus dem Leib des Toten eine besondere Heilkraft hervor, und zwar aus jedem Teil eine andere, in die Balsamierungsstoffe wie Aloe, Myrrhe, Balsam, Asphalt und Pech übergegangen seien und mit dazu beigetragen hätten, den menschlichen Körper über Tausende von Jahren vor der Auflösung zu bewahren. Wenn man die Mumien nur als Transportbehälter für kostbare Balsame und Bitumen angesehen hätte, wäre es nicht zu verstehen, daß man bereit war, jeden Preis für die Erlangung einer echten Mumie zu zahlen, obwohl man die einzelnen Balsamierungsstoffe wesentlich wohlfeiler auf dem Drogenmarkt hätte kaufen können.

Die von Mumien ausgehende Faszination steigert sich noch: Eine «Luftmumie», der Körper eines frühzeitig verstorbenen jungen Menschen, möglichst 24 Jahre alt, ohne Makel, «den Tag und Nacht die Gestirne beschienen haben» und der anschließend mit Myrrhe und Aloe behandelt wurde, erlaubt nach medizinischer Lehre des Frankfurter Stadtarztes Johann Schröder (1600 bis 1664) die Herstellung der «Aqua divina» mit magnetischen Eigenschaften: Der Leichnam wird pulverisiert, das Pulver wird mit Spiritus und Salz einem Destillationsvorgang unterworfen. Wenn man dann die daraus gewonnene «Aqua divina» mit einigen Blutstropfen eines Kranken, beim Aderlaß gewonnen, vermischt, wird der Patient gesund – oder ihm ist nicht mehr zu helfen.

Die Anschauungen über das Mumienmehl «Mumia» – Universalmedikament? Wunderdroge? Medizinische Irrungen? – wandeln sich, aber nur ganz langsam. Laut der letzten Preisliste, die der 70jährige Walter Göpfert für seine Dissertation «Drogen auf alten Landkarten» (1985) in der Pharmazie-Firma E. Merck einsehen konnte, kostet das von Merck angebotene

Medikament «Mumia vera aegyptiaca» im Jahr 1924 zwölf Goldmark pro Kilogramm.

Die Kunst, Mumien zu produzieren, blieb nicht nur den Händlern und Ärzten in Ägypten vorbehalten. In Peru, so der amerikanische Archäologe Patrick Tierney, geschieht dies in unseren Tagen noch nach rituellen Hinrichtungen von Jugendlichen in den Bergen. In großen Höhen werden die Toten in Höhlen deponiert und sind nach wenigen Wochen vertrocknet.

Es könnte eine weitere Möglichkeit gegeben haben, eine Mumie aus einem fremden Land in die Alpen zu schleusen. Wir sind uns bewußt, daß wir uns jetzt in das Minenfeld der Spekulation begeben und daß böswillige Zungen behaupten könnten, wir wollten Reinhold Messner und Hans Haid nationalsozialistisches Gedankengut anhängen. Das ist nicht unsere Absicht.

Es geht vielmehr um ideologische Gedankengänge, die über die Kommandobrücke des Reichsführers SS, Heinrich Himmler, zwischen Salzburg und Südtirol hin und her zuckten und die in der Bündelung aller Zufälle so verblüffend sind, daß sie hier festgehalten werden sollen: Es geht um den tibetischen Schneemenschen, der Jahrzehnte vor dem Fund des «Gletschermannes» am Hauslabjoch durch die Köpfe flirrte, so wie der sagenhafte «Jäger im Hinteren Eis» im Sagenkreis, und den Messner im Himalaja gesehen haben will.

Adolf Hitler und Heinrich Himmler waren Anhänger der «Welteislehre» des Österreichers Hanns Hörbiger (1860–1931), die sie zu der Überzeugung hinführte: Die «Asen», die wahren, weil arischen Gottmenschen, kamen vom Himmel; das Leben entstieg unbefleckt dem Eis der Berggipfel. Der in Magdeburg geborene Autor Jens Sparschuh hat nach Recherchen im Archiv des Innenministeriums der ehemaligen DDR in einer Mischung aus Dokumentation und Fiktion ein faszinierendes Buch* geschrieben, das sich in den mythologischen Hintergrund der Ötztal-Fälschung einfügt: Himmler läßt im Auftrag seiner Gesellschaft «Das Ahnenerbe e. V.» die Expedition des promovierten Ornithologen Ernst Schäfer in Tibet nach dem Schneemenschen suchen, der die Allgegenwart der germanischen Rasse belegen soll, einer Rasse, die Himmler durch Umsiedlung seiner Südtiroler «Wehrbauern» aus dem Mussolinistaat Italien auf die Schwarzmeer-Halbinsel Krim heimführen und verdichten will. Es ist bizarr, wenn ausgerechnet der Südtiroler Reinhold Messner später über den von Himmler gesuchten Yeti im Himalaja berichtet.

Wir zitieren aus Sparschuhs Buch zwei authentische Protokolle, zunächst von Himmlers Tischgespräch am 19. Februar 1938: «Ich habe einmal einen Japaner gefragt, was glaubt ihr eigentlich, woher euer Volk gekommen ist? Der Japaner antwortete: Sie als Westeuropäer werden lachen, wir glauben, daß wir vom Himmel gekommen sind. Ich antwortete: Sie werden

* Jens Sparschuh: KopfSprung. Aus den Memoiren des letzten deutschen Gedankenlesers. Berlin, 1989

ebenso lachen, wir glauben ebenfalls, und es ist in unseren Mythen verankert, daß wir mit den Asen vom Himmel gekommen sind.» Und Hitler sagte laut Stenogramm des nächtlichen Tischgesprächs vom 25. auf den 26. Januar 1942: «Ich neige der Welteislehre von Hörbiger zu. Vielleicht hat um das Jahr 10000 vor unserer Zeitrechnung ein Einbruch des Mondes stattgefunden. Es ist nicht ausgeschlossen, daß die Erde den Mond damals in seine jetzige Bahn gezwungen hat...» Dieses Ereignis, so Hitler, habe zu gewaltigen Explosionen und Regengüssen geführt, «vor denen sich nur ein Menschenpaar hat retten können, da es in einer höher gelegenen Höhle Unterschlupf gefunden hatte». Das Leben – so ist zu folgern – sei also nach diesem Aufstieg von den Gipfeln gekommen und später wieder talwärts gestiegen.

Ähnliche abstruse Gedanken mögen die Frau bewegt haben, die 1991 die Universität Innsbruck um Spermium vom «Gletschermann» bat, um sich befruchten zu lassen, wie Professor Spindler der Presse mitteilte.

Himmler, der die Südtiroler Bergbauern «heimführen» will, und sein «Ahnenerbe» fördern «Tibet»-Schäfer, der 1938 zu seiner zweijährigen Expedition aufbricht, aus vielerlei Gründen: Der Ornithologe soll den Schneemenschen aufspüren, soll zugleich, wie einst Lawrence von Arabien die Beduinen, die Tibeter gegen die Briten in Indien aufwiegeln, außerdem kälteresistentes Getreidesaatgut nach Deutschland bringen, frostfeste und melkbare Pferde für die künftigen deutschen Wehrbauern in Sibirien finden und vor allem anthropologische Daten – «nordisches Blut in nordfremder Welt» – sammeln, um zu belegen: Die Deutschen kommen von ganz oben – vom Gipfel der Welt, dem Himalaja-Gebirge.

Pseudo-anthropologische Untersuchungen läßt das «Ahnenerbe» später an ermordeten sowjetischen Kriegsgefangenen in Auschwitz vornehmen, wo es einen «Entfettungsofen» für das Skelettieren von Leichen gab. Ein Mitarbeiter Schäfers, Dr. Beger, berichtet 1943 seinem Vorgesetzten über die Aktivitäten in Auschwitz: «Gabel wird jeden Tag zurückkommen. Ich bin gespannt, ob er alle 26 Köpfe in der kurzen Zeit abformen konnte. Außerdem haben wir zwei Usbeken, 1 usbekisch-tadschikischen Mischling und 1 Tschuwaschen aus der Gegend von Kasan vermessen und abgeformt. So ganz nebenbei für unser Institut. Es handelt sich um gute Typen, Übergangsglieder nach Inner- und Ostasien.»

Wir führen diese Vorgänge hier an, weil der Schneemensch faschistischer Provenienz später noch in den Köpfen umgeht. Die NS-Führung, auf dem Hohensalzberg bei Berchtesgaden daheim und im nahen Salzburg zu Hause, veranlaßt, daß die Sammlung, die Ernst Schäfer von seiner Tibet-Expedition mitgebracht hat, in das «Haus der Natur» in Salzburg verbracht wird. Himmlers Referent, SS-Sturmbannführer R. Brandt, schreibt dem SS-Hauptsturmführer «Tibet»-Schäfer einen seltsamen Brief: «Auf Ihren Brief vom 7.11.1941 wegen der Salzburger Ausstellung im

Haus der Natur möchte ich Ihnen kurz antworten. Soll diese Ausstellung etwa der Öffentlichkeit zugänglich sein? Ich bitte Sie zu beachten, daß diese Ausstellung, mag sie noch so schön sein, unter das Verbot des Reichsführers SS fällt, auf keinen Fall etwas von Ihrer Expedition zu bringen. Steht diese Ausstellung einmal, läßt sie sich doch nicht verhindern. Heil Hitler.» Die Ausstellung stand nicht nur, sie hat das «Ahnenerbe» überlebt und ist heute zu besichtigen im Salzburger «Haus der Natur».

Auf Schloß Mittersill im Salzburger Land richtet das «Ahnenerbe» für Schäfer und seine Kollegen eine anthropologische Forschungsstelle ein, für die Auschwitz «unter Ausnutzung des uns durch diesen Krieg in den Gefangenen... in die Hand gegebenen Materials», gemeint sind vor allem innerasiatische Kriegsgefangene, Skelette und Schädel liefert.

Wir führen diese grausamen Details aufgrund folgender Überlegung an: Schäfer kommt mit einer großen Sammlung tibetischer Funde im Expeditionsgepäck nach Salzburg. Im nahen Mittersill werden sich später Skelette stapeln, deren Verbleib ungeklärt ist. Die Frage sei erlaubt: Könnte es sein, daß Schäfer aus Asien eine Mumie mitgebracht hat, daß diese Mumie in den Nachkriegswirren verschwand und sich dann auf dem Hauslabjoch wiederfand? Denn nicht nur der lederartige Mumifizierungsstatus des Toten vom Hauslabjoch und der Toten aus den Gräbern des sibirischen Pasyryk verblüfft, es sind vor allem die Rücken-

Tätowierungen, die in ihrer Anordnung übereinstimmen: Die Mumie vom Hauslabjoch zeigt links von der Wirbelsäule, etwa bis zur Hüfte, zehn parallel angeordnete Längsstriche. Ein skythischer Mann aus dem zweiten Pasyryk-Grab ist links neben seiner Wirbelsäule, hinab bis zur Hüfte, mit zehn Punkten tätowiert. Sie sind kein bloßes Ornament, der Körper des Toten von Pasyryk ist mit Tätowierungsbildern von geschweiften Fabelwesen und Fischen übersät, die Punkte sind ein Code. Zehn Signale aus dem Altai-Gebirge, zehn Signale vom Hauslabjoch – gibt es Zusammenhänge? Solange die exakten Fragen nach der Herkunft der Mumie vom Hauslabjoch nicht exakt beantwortet sind, lohnt es sich, die Phantasie schweifen zu lassen.

Mumien lassen sich nicht nur transferieren, man kann sie auch – über die Künste der Mumienfälscher in Kairo hinaus – produzieren. Die Universität Innsbruck hat es schon einmal gekonnt. Chef-Anatom Werner Platzer, mit Frank Höpfel und Konrad Spindler Herausgeber der Universitäts-Dokumentation «Der Mann im Eis», sagte dem Redakteur der französischen Wissenschaftszeitschrift «Sciene & vie», Jean-Michel Bader: «Das ist überhaupt kein Problem, wir brauchen nur sehr tiefe Temperaturen.»

Eine kalifornische Sekte ist auch dabei

Auf einem Berg in Tirol, am Hauslabjoch, liegt ein unverwester Toter.

In einem Dorf in Tirol, in Itter bei Wörgl, südlich von Kufstein, leben die Mitglieder der amerikanisch-indischen Religionsgemeinschaft Paramahansa Yogananda, und in ihrer Mitte residiert eine selbsternannte schwarze «Königin» aus Ghana, Sharon Perlinger. Sie hat den österreichischen Sektenfinanzier und Unternehmer Engelbert Perlinger geheiratet und behauptet, nach dem Tod ihrer Mutter in einer Art Thronnachfolge Town-Queen des ältesten Stadtteils von Accra, Jamestown, zu sein. Doch in Wirklichkeit gibt es keine erbliche Thronfolge in Jamestown, und die wahre «Town-Queen» amtiert vor Ort, ohne Sharon Perlingers Hilfe. Doch gemessen an den Ungereimtheiten und Berührungen der Sekte mit dem Fall «Ötzi» bedeutet diese kleine Titelsucht wenig.

Zwischen dem Hauslabjoch und dem Dorf Itter liegt die Leopold-Franzens-Universität Innsbruck. Für die

Forschungsaktivitäten «Gletschermann» der Universität sind, wie erwähnt, zuständig: Rektor Professor Dr. Hans Moser, der nach dem Mumien-Fund vom Hauslabjoch das «Forschungsinstitut für Alpine Vorzeit (Mensch und alpine Umwelt von der Urzeit bis ins frühe Mittelalter)» gründet, Chef-Anatom Professor Dr. Werner Platzer und natürlich der Leiter des «Institutes für Ur- und Frühgeschichte», Professor Dr. Konrad Spindler. Aus unerfindlichen Gründen beauftragt die Universität die junge und kleine Innsbrucker PR-Agentur «Ethik & Kommunikation. Agentur für ganzheitliche Kommunikation» (mittlerweile mit einer Filiale in Wien) mit der exklusiven Wahrnehmung ihrer finanziellen und öffentlichen Interessen in der «Gletschermann»-Forschung, über Copyrights und das Aufbringen von Sponsorgeldern. Daß ausgerechnet die kleine Agentur der Charlotte Sengthaler diesen Auftrag erhielt, erklärt Rektor Moser so: Größere Agenturen hätten Vorfinanzierungen verlangt, wozu die Universität ja nicht in der Lage gewesen sei, weil sie noch über keine eigenen Einnahmen verfügte. Man habe wochenlang gesucht, ohne ein Angebot zu erhalten. So sei «Ethik & Kommunikation» ins Geschäft gekommen. Der Vertrag sei ja auch relativ spät abgeschlossen worden, nämlich erst im Juli 1992. Irgendwelche persönlichen Verbindungen hätten dabei keine Rolle gespielt. Dies könne er auch für Professor Spindler und Professor Platzer verneinen, weil er den Hintergrund recht gut kenne. Aber wen haben die Gelehrten dann gefragt? Von wem kam der Vorschlag,

«Ethik & Kommunikation» zu nehmen – auf die ein warmer Regen niedergehen würde, wenn die «Ötzi»-Vermarktungsrechnung aufgeht?

Die Agentur wird von Frau Charlotte Sengthaler, einer ehemaligen ORF-Mitarbeiterin, als Geschäftsführerin geleitet. Und nun verdichten sich wieder einmal die Zufälle: Charlotte Sengthaler ist eine Verlegerstochter aus Wörgl in der Nachbarschaft von Itter – und sie ist mit der schwarzen Pseudo-Queen Sharon Perlinger im Kreis der Paramahansa Yogananda-Community in Dorf Itter befreundet. Über ihre Agentur betreut sie die schwarze «Queen» und deren «Prinzessinnen», die natürlich auch keine Prinzessinnen sind.

In diesem 989-Seelen-Dorf Itter, eine Autostunde von seiner Arbeitsstelle an der Universität Innsbruck entfernt, lebt auch Professor Dr. Konrad Spindler in einem Bauernhof, im Oberdorf, Anwesen 11, drei Kilometer entfernt vom Meditationszentrum Paramahansa Yogananda, zu deren Führungspersönlichkeiten die schwarze «Queen» Sharon Perlinger zählt, die mit Charlotte Sengthaler befreundet ist, die wiederum von der Universität Innsbruck mit der PR-Arbeit «Gletschermann» beauftragt wird. Das sind Tatsachen. Tatsache ist auch, daß die Sekte in Itter in diesem Jahr 1992 in arge finanzielle Bedrängnis geraten war. Und das kam so:

Die kalifornische Guru-Bewegung Paramahansa Yogananda in Tirol war bisher für zumindest einen Mann zur Tragödie geworden – für den österreichischen Vorzeige-Unternehmer Engelbert Perlinger, der die schwarze «Queen» Sharon geheiratet hatte, um mit ihr in Itter zu leben. Perlinger machte, über Tirol hinaus, den österreichischen Traum vom amerikanischen Tellerwäscher-Millionär wahr. Lehrling im SPARgeschäft seines Vaters in Innsbruck, Kaufmannsgehilfe bei der SPAR in Kufstein, der erste eigene Laden in Stans, ein Einkaufszentrum in Wörgl, Discount-Ladenketten, Gründung einer eigenen Firmenzeitschrift, eines Verlages einer Bauträgergesellschaft, vielfacher Millionär und «Prinzgemahl» der schönen Frau aus Westafrika. Doch in Itter gerät er in die Magnetfelder von Paramahansa Yogananda, mit der angeschlossenen Self-Realization Fellowship (SRF, der «Selbstverwirklichungs-Bruderschaft»). Gründer dieser Bewegung mit 350 Zentren und Gruppen in vierzig Ländern ist der angebliche Freund Ghandis, Guru Paramahansa Yogananda, der in den zwanziger Jahren in Kalifornien auftritt. Seit seinem Tod – er stirbt 1952, sein Körper bleibt zwanzig Tage lang unverwest, wie seine Anhänger berichten – wird die Bewegung von Los Angeles aus überwiegend matriarchalisch geführt.

Die SRF ist keine Kirche im traditionellen Sinne, nur eine winzige Gruppe lebt monastisch, alle anderen sind freie Mitglieder. Die Lehre mit hinduistischem Anklang besagt, daß die «Kirche» in einem jeden sei und man Glück und Frieden nur in sich finden könne. Es gibt keinen gemeinsamen Glauben, sondern die Mitglieder sind alle auf meditativer Suche nach «etwas anderem als materiellem Erfolg im Leben».

Der Erfolgsmensch Perlinger geriet vor einigen Jahren in seiner Rastlosigkeit in eine psychische, eine gesundheitliche und geschäftliche Krise. In seiner Krankheit sah er einen Aufschrei seiner Seele. «Ich bin tiefer Christ, weil mir Christus sehr nahe liegt. Diese Zuneigung verdanke ich Yoga Paramahansa Yogananda. Die Essenz unserer Einstellung soll sein: Mit unserer Arbeit der Gemeinschaft, unserem Volk und damit auch Gott dienen.» Er lebte bis vor kurzem mit seiner «Queen» in einer palastartigen Villa in Itter, unter und zwischen den Bildern des Gurus und kultischen Gegenständen.

Aus seiner Krankheit leitet Perlinger Erkenntnisse ab, die ihn alle bisherigen geschäftlichen Aktivitäten aufgeben lassen, und wird statt dessen zum Marktführer für selbstentwickelte Biokost-Produkte in Österreich und eröffnet Niederlassungen in Deutschland, Spanien und in den USA. Sein Credo: «Dieses Unternehmen wurde von mir nicht gegründet, um Geld zu verdienen, sondern es ist mir ein Anliegen, der Menschheit wieder gesunde Nahrungsmittel mit ihren natürlichen Heilkräften zur Verfügung zu stellen.»

Engelbert Perlinger ist der gute Mensch von Itter. Er gibt und gibt – nicht nur der Guru-Bewegung, der er unter anderem vier Privathäuser in Itter als Meditations-Retreat schenkt, er sponsert auch Vereine und kulturelle Einrichtungen – und reißt sein Unternehmen in den Konkurs. Zum Zeitpunkt der Drucklegung dieses Buches lebt er als kranker Bettelmönch in Indien; die schwarze «Königin» hat derweil die Scheidung eingereicht.

Erwin Perlinger sagt über seinen Bruder Engelbert: Für den wirtschaftlichen Untergang des Unternehmens seien erstens der direkte Einfluß der SRF auf Engelbert Perlinger und zweitens der ideologische Einfluß der SRF-Lehre verantwortlich. Sein Bruder, behauptet Erwin Perlinger weiter, sei eine charismatische Persönlichkeit gewesen, im Kult um seine Person verfangen, wozu auch seine Heirat mit der Afrikanerin gehört habe, ein Verkaufstalent, eine Motivationsmaschine, jedoch bei den geschäftsinternen Entscheidungen konzeptionslos und chaotisch. Managersitzungen mit ihm seien eine Zumutung gewesen. Bruder Engelbert habe über den Weltuntergang monologisiert. Wurden Projekte kritisiert, so habe er mit dem Hinweis auf ihre gottgewollte Konzeption geantwortet. Er sei durch Meditation Gott so nahe, daß er seine Entscheidungen mit Gott absichere. Am Anfang sei er so weit gegangen, daß man in solchen Firmenbesprechungen den Aschenbecher angeschrien habe, er solle endlich fliegen.

Geld habe ihm nichts bedeutet, er habe es fahrlässig, rücksichtslos und mit vollen Händen ausgegeben. Dies habe er mit dem Schlagwort der Entmaterialisierung verbunden. Als er seinen Bruder zu einer Naturkost-Messe in den USA begleitete, habe der Engelbert als «Big spender» am Tisch der SRF-Geschäftsführung Platz nehmen dürfen. Dort habe auch eine ältere Dame gesessen, die nach des Bruders Angaben 700

Jahre alt sei, sich in Licht auflösen und an mehreren Plätzen gleichzeitig erscheinen könne.

Zum Untergang des Engelbert-Perlinger-Unternehmens befragt, sagt Erwin Perlinger folgendes: Neben der Hauptfirma habe es eine Perlinger GmbH in Nürnberg sowie den Perlinger-Verlag in Österreich und Deutschland gegeben. Sein Bruder habe Firmengelder gehandhabt, wie es ihm gerade in den Sinn kam. Unsummen habe er in den Aufbau der SRF-Zentrale in Nürnberg gesteckt, dorthin auch Arbeiter und Arbeitsmaterial, zum Beispiel für die Außenanlagen, abgestellt. Einmal habe er, Erwin Perlinger, unter Geschäftspapieren der Naturkost-Firma einen Beleg entdeckt, der den Kauf einer Druckmaschine für eine Million Mark auswies. Auf Nachfrage ergab sich, daß die Maschine direkt an das SRF-Mutterhaus bei Los Angeles geliefert worden sei. Erwin Perlinger schätzt die Spendengelder seines Bruders an die SRF für das Jahr 1990 auf zehn Millionen Mark. Allein in drei Monaten seien 600000 Mark nach Nürnberg in das Bauvorhaben geflossen. Warensendungen in die USA und nach Indien seien auf Firmenkosten erfolgt und nicht durch den Empfänger zu bezahlen gewesen. Die Bilanz sehe nun (zum Zeitpunkt des Konkurses) so aus, daß einem Vermögenswert von 20 Millionen Schilling ein Verlust von 500 Millionen Schilling gegenüberstünde.

Von Charlotte Sengthaler, «Ethik & Kommunikation», weiß Erwin Perlinger nur so viel, daß sie mit der «Queen» befreundet sei. Sie habe außerdem versucht,

Zahnärzte für ein Sanierungskonzept zu interessieren. Er bezeichnete sie als «schrullig». Charlotte Sengthaler, die bei anderer Gelegenheit für die Firma Perlingers PR-Arbeit leistete, bestätigt diese Pläne für ein Sanierungskonzept.

Der Mann, der sich zum besten Freund Engelbert Perlingers erklärt, der ihn im Herbst 1992 im SRF-Ashram (Tempel, Schule und Armenkrankenhaus) am Fuß des Himalaja aufsuchte und dort in einem Zustand «tiefer Verzweiflung» antraf, ist der Ganzheitsmediziner Dr. Zimmermann aus Walchsee/Tirol. Das Ehepaar Zimmermann hat sein Leben nach dem Glauben an die SRF-Lehre ausgerichtet, im Keller seines Privathauses einen Altarraum mit Bildern der großen Meister – zu denen auch Jesus zählt – eingerichtet und regelmäßig SRF-Meditationskurse in Itter besucht. Nach Charlotte Sengthaler befragt, erklärt das Ehepaar Zimmermann, sie aus der SRF-Gemeinde in Itter zu kennen. Charlotte Sengthaler allerdings sagt, sie gehöre Paramahansa Yogananda *nicht* an. Sie bezeichnet sich als religiös und gute (katholische) Christin. Sie sei lediglich mit der «Queen» befreundet und versuche, ihr außerhalb der Agentur beim Aufbau eines Unternehmens der Modebranche zu helfen.

Doch Auftreten und Selbstverständnis der Agentur weisen nicht nach Rom, sondern nach Los Angeles, in das Sektenzentrum der westlichen Welt. Das ursprüngliche Firmenschild am Haus Innsbruck, Museumstraße 5, mit dem ungewöhnlichen Titel «Ethik & Kommunikation. Agentur für ganzheitliche Kommunikation» zeigt sich überlagernde Kreise, das Briefkopf-Signet zeigt noch im Sommer 1992 ein tropfenförmiges, asiatisch-esoterisch anmutendes Gebilde, das die Buchstaben «E & K» einschließt. «Dieses Gebilde ist das Auge Gottes», sagt Lisa Rausch, eine ehemalige ARD-Mitarbeiterin. Lisa Rausch, nach ihrer Rückkehr aus den USA wohnhaft in Zirl in Tirol, war im Sommer 1992 von «Ethik & Kommunikation» als PR-Leiterin der Projektgruppe «Mann im Eis» angestellt worden, um für die Universität Sponsoring-Gelder und andere Mittel aus Bild-Copyrights und ähnlichem für die «Gletschermann»-Forschung zu beschaffen. Lisa Rausch wird nach der unselig verlaufenen internationalen Pressekonferenz am 17. August 1992 an der Nachgrabungsstätte Hauslabjoch, wo sie zwischen die Interessen- und Kompetenz-Mühlsteine von Nordtirol und Südtirol geriet, entlassen. Heute behauptet sie, «das Ganze ist *ein* Bhagwan-Laden bis Itter». Sie habe sich während ihrer PR-Arbeit für den «Eismann» immer wieder um die Familie des SRF-Finanziers Perlinger kümmern müssen.

Charlotte Sengthaler erklärt die Kombination der Begriffe «Ethik» und «Kommunikation» mit der mittlerweile geänderten Schrift und dem mittlerweile abgelegten Begriff «ganzheitlich» so: Sie verstehe darunter, das Feld der PR-Tätigkeit mit ethischen Werten auszufüllen. Ihr früheres Logo habe sie dem Schrifttyp Times entnommen, der von Leonardo da Vinci stamme. Da viele das nachahmen, habe sie es geändert. Auch die frühere Bezeichnung «ganzheitlich» sei jetzt entfallen. Unter «ganzheitlich» habe sie verstanden, alle Kommunikationsmöglichkeiten im Geschäftsauftrag zu berücksichtigen und zu vereinen.

Gibt es auch eine ganzheitliche Theorie der Zufälligkeiten? Wie würde sie folgende Sachverhalte zusammenfügen und verständlich machen?

Erstens: Professor Konrad Spindler dozierte vor wenigen Jahren noch, bis zu seiner Berufung nach Innsbruck, an der Universität Erlangen. Erlangen liegt bei Nürnberg, ist eigentlich ein Teil der fränkischen Metropole.

Zweitens: Der Familienname Simon ist der Universität Erlangen nicht fremd. 1992 gab es dort sechs Mitarbeiter mit dem Familiennamen Simon. Der Finder des Toten, Helmut Simon, ist Hausmeister in der Naturhistorischen Gesellschaft von Nürnberg. Helmut Simon kennt Reinhold Messner nicht persönlich, hat ihn aber früher einmal bei einer Lesung erlebt und lernt Spindler erst nach dem Fund persönlich kennen. Sein Fund verbindet indirekt ihn, Messner und Spindler. Der Schicksalsfaden führt also zunächst von Nürnberg über das Hauslabjoch nach Schloß Juval in Südtirol und von dort nach Innsbruck.

Drittens: Spindler arbeitet in Innsbruck und lebt in dem Dörfchen Itter, ein Nachbar von Paramahansa Yogananda. Aber bei Paramahansa kennt man ihn nicht.

Viertens: In Innsbruck betreibt Charlotte Sengthaler die PR-Agentur «Ethik & Kommunikation». Charlotte Sengthaler ist mit der schwarzen «Queen» von Itter befreundet, sie hat Zugang zu Paramahansa. Ihre Agentur wird von der Universität Innsbruck exklusiv beauftragt – ein Bombengeschäft für «Ethik & Kommunikation».

Fünftens: Der Konkurs Perlingers bedeutet auch das Ende für die Guru-Gemeinde Itter. Die SRF begibt sich dorthin, wo mit dem Aufbruch des Ehepaares Simon in den Schnalstaler Urlaub alles anfing, nach Nürnberg. Hier soll unter Schwester «Amritha» aus Itter das europäische Paramahansa-Yogananda-Zentrum entstehen: «Gesellschaft zur Selbstverwirklichung», Laufamholzstraße 369.

Eine Theorie dieser zufälligen Zusammenhänge bestände lediglich aus fünf Ortsnamen: Nürnberg, Hauslabjoch, Burg Juval, Innsbruck, Itter, Nürnberg.

«Wie fruchtbar ist der kleinste Kreis, wenn man ihn wohl zu pflegen weiß.»

(Goethe, «Sprüche», III. Buch, Nr. 77)

Ein Nachwort

Dieses Buch hat einen Indizienprozeß gegen Unbekannt geführt. Wir können nicht sagen, wer es war. Aber wir können sagen, daß es *so*, wie die Wissenschaftler rings um «Ötzi» vermuten oder behaupten, nicht war. Eine archäologische Sternstunde wurde arrangiert, die «Ötztal-Fälschung» ist offenkundig.

Wem das Ereignis genützt hat, ist klar: dem Reinhold Messner mit seiner Südtirol-Vision, seinem Manager Paul Hanny, der Bilder vom Fundort in alle Welt für Tausende Mark verkaufte, dem Volkskundler Hans Haid, der seinen sagenhaften «Jäger im Hinteren Eis» rehabilitierte, Helmut Simon mit seinen 10000 Mark Finderlohn, den er aber noch nicht akzeptiert hat, der Universität Innsbruck mit ihrem akademischen Dreigestirn Moser-Spindler-Platzer, der PR-Agentur «Ethik & Kommunikation», der Anwaltskanzlei Greiter und Kollegen, aber auch unbekannten Spaßvögeln. Und die Presse war dankbar: Der Fund wurde millionenfach vermarktet. Auch dieses Buch gäbe es nicht ohne «Ötzi».

Diese Feststellung ist aber keine Rollen- oder Schuldzuweisung in dem Jahrhundert-Verwirrspiel. Es darf weiter nach dem Urheber der archäologischen Groteske gesucht werden.

Reinhold Messner hatte an der Fundstelle «zuallererst» das Gefühl, daß es sich hier um einen «Scherz» handle. Diese Äußerung, der erste Gedanke an die gefälschten Modigliani-Skulpturen, wirkt spontan und glaubwürdig – auch wenn sie sich mit allen anderen Äußerungen Messners, mit den magisch gesichteten Eskimoschuhen, mit der urplötzlichen Berichterstattung des «Alto Adige» nicht recht vereinbaren läßt. Die Spontaneität ist so glaubwürdig, weil Messner auf seinen Routen schon einmal Opfer eines langfristig inszenierten Scherzes für ein Millionen-TV-Publikum spielen mußte. Die Produzenten der Fernseh-Serie «Verstehen Sie Spaß?» fragten sich 1986 bei einem Brainstorming in der Schweiz: Wie können wir den Messner hereinlegen? Sie dachten nach und arrangierten. In der Schweiz sagt man zu jemandem, der «nicht alle Tassen im Schrank» hat: «Du hast wohl einen Kiosk auf dem Matterhorn!» Und der Kiosk wurde geliefert – unter Berücksichtigung von Messners Klettergewohnheiten: Die Initiatoren dieses Scherzes legten in *einjähriger* Vorarbeit eine Plattform am Matterhorn an. Die Illustrierte «Glücksrevue» veranstaltete ein Preisausschreiben, Hauptgewinn: Führung mit Messner auf das Matterhorn. Der Gewinner war nicht sehr berggängig und wurde ausgetauscht. Er erhielt ein Geldgeschenk und gab den Gewinn an einen Messner nicht bekannten Alpinisten weiter. Die Initiatoren wissen also genau, wann Messner mit dem ausgetauschten Gewinner das Matterhorn besteigen wird – und vor allem, auf welcher Route, denn die wird ja nach den bergsteigerischen Erfahrungen des Gastes festgelegt.

Es ist die Route, die an der künstlichen Plattform vorbeiführt. Am Vorabend von Messners Tour transportiert ein Hubschrauber einen echten Zeitungskiosk auf das Matterhorn, und ein Kamerateam wartet die Nacht über im Kiosk mit verborgener Kamera – sie befindet sich hinter einem Rasierspiegel, durch den sie hindurchblicken kann – auf Messner. Der Star-Kletterer kommt, schaut völlig verdutzt in den Spiegel hinein und wird televisionär balbiert.

Wir erzählen diese – verglichen mit den Dimensionen der «Ötzi»-Geschichte – kleine Schnurre, weil der scherzanfällige Messner auch am Hauslabjoch wieder als Vehikel für einen Jux gedient haben könnte, der dann jedoch außer Kontrolle geriet, weil sich die Wissenschaften und die Weltöffentlichkeit seiner annahmen.

Es muß in diesem Gespinst der Zufälle rund um den «Gletschermann» einen Großen Unbekannten geben, der wußte: Am Samstag kommt Messner zur Similaun-Hütte. Doch dann liefen die Ereignisse aus dem Ruder – wie nicht anders zu erwarten, wenn Scherz, Satire, Ehrgeiz, ordinäre Gewinnsucht und die unersättlichen Bedürfnisse der internationalen Presse eine unheimliche Allianz eingehen.

Unser Buch klagt niemanden an. Wir stellen Fragen, die längst hätten gestellt werden müssen. Wir werden die publizistischen Angriffe, denen wir alsbald mit unabänderlicher Gewißheit ausgesetzt sein werden, gelassen ertragen. Denn eines läßt sich nicht aus der Welt diskutieren: Daß ein völlig enthaarter, kastrierter Steinzeitmensch mit einem völlig intakten Fellschuh auf die alpine Wanderschaft geht, ehe er föhngetrocknet eingeschneit wird – das ist und bleibt ein archäologischer Witz ohne Beispiel. Wäre der Tote nicht 5300, sondern nur zehn Jahre alt – längst hätte eine Mordkommission, alarmiert von den seltsamen Begleitumständen, ihre Ermittlungen aufgenommen.

Literatur

Otto Ampferer: *Geologische Methoden zur Erforschung von Wegrichtungen von abgeschmolzenen Eismassen*. Springerverlag, Wien, 1946.

Owen Beattle und John Geiger: *Der eisige Schlaf – das Schicksal der Franklin-Expedition*. vgs Verlagsgesellschaft, Köln, 1990.

Walter Göpfert: *Drogen auf alten Landkarten und das zeitgenössische Wissen über ihre Herkunft*. (Dissertation, nicht im Buchhandel erschienen) Düsseldorf, 1985.

Norbert Gerhold: *Die Gletscherschwankungen und ihre Zeugen*. Sonderdruck Paulinum, Schwaz/Tirol, 1964.

Hans Haid: *Mythos und Kult in den Alpen*. Rosenheimer-Verlag, Rosenheim, 1992.

Michael Kater: *Das Ahnenerbe der SS 1935–1945, ein Beitrag zur Kulturpolitik des Dritten Reiches*. dva, Stuttgart, 1974.

Reinhold Messner: *Rund um Südtirol*. Piper, München, 1992.

Uta Ranke-Heinemann: *Eunuchen für das Himmelreich*. Knaur, München, 1992.

Renate Rolle: *Die skythenzeitlichen Mumienfunde von Pasyryk*. In Dokumentationsband 187 der Universität Innsbruck (siehe Universität).

Jens Sparschuh: *Der Schneemensch*. Kiepenheuer & Witsch, Köln, 1992.

N. Sparhawk: *Der Hexenkult als Ur-Religion der Großen Göttin*. Goldmann, München, 1992.

R. F. Tylecote: *The early history of metallurgy in Europe*. Longman, London und New York, 1987.

Universität Innsbruck: *Der Mann im Eis. Bericht über das Internationale Symposium 1992*. Veröffentlichungen der Universität Innsbruck 187, Eigenverlag, Innsbruck, 1992.

Zeitschriften

Allgemein

Jean-Michel Bader und Michael Heim: *Hibernatus, l'énigme venue du froid*. Science & Vie, Paris, Oktober 1992.

Metallo-Archäologie

E. N. Cernych: *Ancient metallurgy in the USSR*. Cambridge University Press, Cambridge, 1992.

A. Hauptmann, E. Pernicka, G. A. Wagner (Hrsg): *Archäometallurgie der Alten Welt / Old World Archaeometallurgy*. Der Anschnitt, Beiheft 7, Deutsches Bergbaumuseum, Bochum, 1989.

Russel Higuchi und andere: *DNA typing from single hairs*. Nature, London, vol. 332, April 1988.

Honghua Li und andere: *Amplification and analysis of DNA sequences in single human sperm and diploid cells*. Nature, London, vol. 335, September 1988.

Kary B. Mullis: *Eine Nachtfahrt und die Polymerase-Kettenreaktion*. Spektrum der Wissenschaft, Heidelberg, Juni 1990.

Philip E. Ross: *Paläo-Moleküle*. Spektrum der Wissenschaft, Heidelberg, Juli 1992.

Jürgen Stahl: *Gene vom Fließband*. bild der wissenschaft, Stuttgart, Januar 1991.

Allan C. Wilson und Rebecca L. Cann: *Afrikanischer Ursprung des modernen Menschen*. Spektrum der Wissenschaft, Heidelberg, Juni 1992.

Hinweis zu Permafrost

Umfassende Zeitschriftenliteratur ist in der Datenbank des Alfred-Wegener-Institutes für Polar- und Meeresforschung, Bremerhaven, gesammelt.

Bildquellenverzeichnis

Werner Nosko, S. N. S.-Pressebildagentur, Innsbruck: Bildtafel 1, 4, 5, 6, 7, 8, 9, 10, 11, 12, 13, 17, 18, 20, 21, 22, 23, 24 (oben), 25, 27, 28, 29, 30, 31. Copyright © 1993 aller Bilder bei S.N.S. Pressebildagentur.

Republik Österreich: Bildtafel 2 und 3 (oben), 14

Bildzitat aus dem Dokumentationsband 187 der Universität Innsbruck «Der Mann im Eis», 1992: Bildtafel 3 (unten)

Kurt Otto, Hausham: Bildtafel 15, 26 (unten)

Adamo Lonicero, «Kreuterbuch», Frankfurt, 1679: Bildtafel 16

Henri Tilly, Telfs (Illustration): Bildtafel 19

Peter Weirather, Innsbruck: Bildtafel 26 (oben)

Stubaier Bergbahnen AG: Bildtafel 24 (unten)

Bildzitate «Alto Adige», «Time», «stern»: Bildtafel 32

Illustrierte Berner Enzyklopädie, Band 1, Bern 1981 (Gletscherzeichnung): Textseite 72